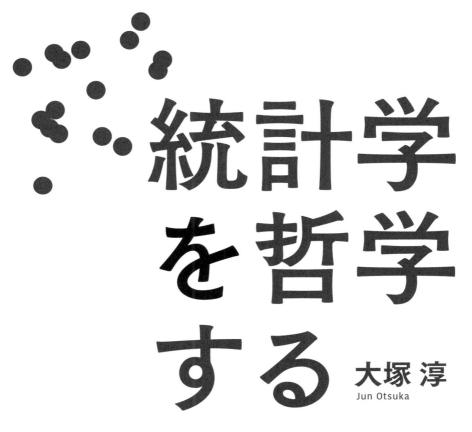

統計学を哲学する

大塚 淳
Jun Otsuka

Philosophizing Statistics

名古屋大学出版会

統計学を哲学する

目　次

序　章

統計学を哲学する？

1　本書のねらい

　本書はその名の通り、「統計学を哲学する」ための本である。しかし本書を手に取ったほとんどの人にとって、それが一体どういうことなのか、容易には想像がつかないのではないかと思う。この本は何を目指しているのか。その目論見を一言で表すとしたら、「データサイエンティストのための哲学入門、かつ哲学者のためのデータサイエンス入門」である。ここで「データサイエンス」とは、機械学習研究のような特定の学問分野を指すのではなく、データに基づいて推論や判断を行う科学的／実践的活動全般を意図している。しかしそのような経験的かつ実務的な学問が、机上の空論の代名詞とみなされているような哲学といかにして関係するのか。統計学に馴染みがある人にしてみれば、統計学というのは確たる数理理論に基づいた推論体系であって、そこに曖昧模糊とした哲学的思弁の入り込む余地は全くないように思えるかもしれない。また逆に、哲学に関心がある向きにとっては、統計とは単なるツールであって、深淵でいわく言い難い問いと対峙する哲学とはおよそ無縁なもののように感じられるだろう。

　本書の第一の目的は、こうした誤解を解くことにある。現代において統計学は、与えられたデータから科学的な結論を導き出す装置として、特権的な役割を担っている。良かれ悪しかれ、「科学的に証明された」ということは、「適切な統計的処理によって結論にお墨付きが与えられた」ということとほとんど同義なこととして扱われている。しかしなぜ、統計学はこのような特権的な機能

を果たしうる（あるいは少なくとも、果たすと期待されている）のだろうか。そこにはもちろん精密な数学的議論が関わっているのであるが、しかしなぜそもそもそうした数学的枠組みが科学的知識を正当化するのか、ということはすぐれて哲学的な問題であるし、また種々の統計的手法は、陰に陽にこうした哲学的直観をその土台に持っているのである。こうした哲学的直観は、統計学の一般的な教科書では表立った主題として取り扱われることはあまりないし、またそれを知ったからといって新たな解析手法が身につくわけでもない。しかしながら、例えばベイズ統計や検定理論などといった、各統計的手法の背後にある哲学的直観を押さえておくことは、それぞれの特性を把握し、それらを「腑に落とす」ための一助になるだろう。また一言に「統計学」といっても、それは決して一枚岩の理論を指すわけではない。そこには伝統的な古典／ベイズ統計をはじめ、近年進展著しい深層学習などの機械学習理論や、情報理論、因果推論などといった多種多様の技術／理論が含まれる。これらを理解し、現実の問題に正しく適用するために、各理論の数学的土台や連関を把握することが重要であることは論を俟たない。しかし同時に、そこには数学的証明には還元されない哲学的な直観、すなわち考察対象となる世界がどのような構造を持っており、それをどのように推論するべきか、ということについての前提が控えている。つまり本書の用語で言えば、種々の統計的手法は、固有の存在論と認識論に根ざした、帰納推論に関する異なるアプローチを体現している。単にパッケージ化された統計処理をルーチン的に当てはめるのではなく、与えられた問題に対しなぜその手法を用いるべきなのか、またそこで得られる結果をどう解釈するべきか、ということをしっかりと踏まえた上で推論を行うためには、こうした思想的背景に留意しなければならない。これが、一見哲学とは何の関わりもないように思われるデータ解析にとっても、哲学的思考が役に立ちうると私が考える理由である。

では、哲学者が統計を学ぶ動機はどこにあるのだろうか。現代の標準的な哲学科のカリキュラムは論理学重視であり、そこに統計が含まれることはほとんどない（良くてせいぜい「帰納論理」という名のもとに初等確率が触れられるだ

けである）。そのこともあり、一般に統計学は哲学者が知っておくべき基礎教養とは考えられていない。これは非常に不幸なことだと私は考える。というのも統計学という鉱脈には、極めて豊かな概念的問題群が眠っているからだ。ソクラテスの時代より、「我々はどのようにして真なる 知 識 を獲得できるのか」という問いは哲学の主要問題であった。これは近代のデカルト、ヒューム、カントを経て、現代の英米系分析哲学に至る、認識論の長い伝統を形作ってきた。そしてそれは同時に、自然の斉一性の想定や因果性の問題、自然種および可能世界の考え方など、様々な存在論的／形而上学的問題と複雑に絡み合ってきた。本書が示そうとするように、統計学はこれらの問題群をすべて包括する、哲学的認識論の現代的／科学的バリアントである。つまり統計学とは、それ自身が一定の存在論的前提の上に立つ科学的認識論なのである。そうであるからには、今日認識論的な問題に取り組むにあたって、この百年の統計学の目覚ましい進展を無視することは無責任の誹りを免れないだろう。実際、本書で論じるように、統計学と現代認識論の間には、単にその目的と関心が一致しているだけでなく、その手法においても、同じような並行関係が見られる。こうした並行関係を意識することは、現代の認識論や科学哲学における種々の問題を考えるにあたり、有益な視座を提供するはずである。

　ではかような意図を持っているのであれば、本書はなぜ、『統計学の哲学入門』というようなより直截的なタイトルを選ばなかったのだろうか。それには二つの理由がある。一つは実質的な点において、これは統計学の哲学の入門書ではないからである。統計学の哲学（philosophy of statistics）は現代哲学の確固とした一分野であり、そこでは帰納推論の根拠、確率の解釈、あるいはあの悪名高いベイズ主義 対 頻度主義の論争など、様々な研究や議論が集積されてきた（Bandyopadhyay and Forster, 2010）。こうしたトピックのそれぞれは大変興味深いものの、それを逐一紹介するだけでも大部になってしまうし、またそれは私の力量を遥かに超えることでもある。またそうした議論には微に入り細を穿ったものが多く、それを追うだけでも統計学および哲学双方についての知識と関心が要求されるため、あまり哲学（ないし統計学）に関心のない読者には退

屈だろう。もちろん、本書もそれらのうちいくつかのトピックはカバーしており、またそうできない場合でも適宜参考文献を付している。しかし全体として本書は、そうした先行研究を横目に見つつ、すぐ後に述べる私なりのアプローチで、統計学における哲学的問題に切り込んでみたい。よって読者にも、本書は必ずしも（統計学の）哲学における標準的見解を客観的に記述したものではない、ということを常に頭の片隅に置いておいてほしい。

　本書が『統計学の哲学入門』ではない第二の理由は、それが一般的な意味における「入門」を意図していないからである。入門という言葉には、その分野の「門」をくぐり、客としてじっくりと中の設えや技工を味わい、体験し、体得するというようなイメージがある。しかし本書は統計学なら統計学、哲学なら哲学の内部にじっと座し留まるような礼儀の良い客人ではない。統計学の「門」をくぐったかと思ったら、すぐに出ていって別の「門」から哲学に入ってしまう。と思った次の瞬間にはまた統計学の居間にいる … という具合に、非常に落ち着きがない。比喩はさておき、実際本書は、そこで扱われる統計学ないし哲学的主題に読者が習熟することを目指すものではない。もちろん本書は統計学および哲学に関して一切の事前知識を持たない読者を念頭に書かれているため、新しい統計的手法や哲学的概念が登場する際には、必ず平易な解説を行うように心がけている（よってそれぞれの分野を専門とする読者には、冗長と思われる箇所は適宜読み飛ばしていただきたい）。しかしそれは、その手法や概念自体を使いこなせるようになるためというよりも、それらの間の関係性を明らかにするためだ。あの統計学的問題は、哲学の文脈ではどのように論じられているのか。この哲学的概念は、統計学でどう活かされているのか。このように統計学と哲学を結び付け、その間の並行関係を明らかにすることこそが、本書の目的である。そうした分野横断的な性格のため、本書はあえて「入門」という名を付さなかったし、また一般的な入門書として読まれることも意図されていない。つまり本書はデータサイエンティストや哲学者になるための本ではない。そうではなく、データ解析に携わる人にちょっとだけ哲学者になり、また哲学的思索を行う人にちょっとだけデータサイエンティストになってもらう、

そうした越境を誘うための本なのである。

2　本書の構成

　では具体的に、本書はどのようなトピックを扱うのか。本書の構成は、哲学という縦糸と、統計学という横糸によって織られる織物に喩えられる。哲学の縦糸は三本あり、それは存在論、意味論、認識論である。**存在論**（ontology）とはその名の通り、この世界に存在するモノの本性を考察する哲学の一分野である。有名なところでは、すべての事物は火・空気・水・土の四元素から構成されると考えたアリストテレスや、それらをすべて同質的な粒子に還元しようとしたデカルトなどが挙げられるだろう。　しかし存在について思いめぐらすのは哲学者だけでない。科学理論も、それぞれの仕方で、それが探究しようとする世界がどのようなモノから成り立っているかについての存在論的な前提を有している。例えば古典物理学的な世界観は質量を持った物体によって構成されるだろうし、化学者であれば原子や分子、また生物学者であれば遺伝子や細胞などといったものも存在していると言うかもしれない。こうした想定がどの程度正当化できるのか、あるいはどれが「根本的」でどれが「派生的」なのか、ということは目下の問題ではない。重要なのは、科学的探究を行おうとする限り、その探究が何についてのものなのかという前提を立てなければならないという、まあ言ってしまえば当然のことである。

　さて統計学は、物理学や生物学などの経験科学と異なり、ある特定の対象領域を持っているわけではないから、そのように表立った仕方で世界に何があるのかを論じるようなことはない。しかし統計学もまた、より抽象的な仕方で、世界の構造についての前提を立てるのである。ではそれはどのようなものだろうか。統計学において存在するもの、それはまずもってデータであろう。しかしそれだけではない。統計学、とりわけ推測統計と呼ばれるその主要部分の真骨頂は、与えられたデータをもとに、まだ見ぬデータを推測することにある。こ

のように手元の情報を超え出る推論を、帰納（induction）と呼ぶ。そして 18 世紀の哲学者デヴィッド・ヒュームが指摘したように、帰納推論を行うためには、データの背後に何らかのもの、つまり彼が「自然の斉一性」と呼んだところのものを仮定しなければならない。推測統計は与えられたデータの背後に措定されたこの潜在的構造を数理的にモデル化することで、種々の予測や推論を行うのである（第 1 章）。ただ一口にモデルといっても、そのあり方は多様であり、またその存在論的な仮定にも強弱がある。つまりあるモデルは他のモデルに比べてより多くのものを世界に仮定し、そうすることでより幅広い推論を可能にする。一般的な統計学の営みにおいては、こうした哲学的な前提はあまり意識されないのが普通であるが、時に疑問が生じることもある。例えば、因果モデルは確率モデルとどう違うのか、なぜ因果効果の推定において「潜在結果」のようなものを考えねばならないのか、といった問いは、すぐれて存在論的な問題である。本書の各章では、種々の統計的手法について、その帰納推論を支える存在論的な前提を明らかにし、またそうした手法が我々の世界の捉え方にどのような含意をもたらすのかを考えていきたい。

　上述のように、統計学は世界の構造を数理的にモデル化し、それを確率命題などによって表現する。しかしそれをもって現実世界の探究とするためには、そうした確率命題を具体的に解釈しなければならない。例えば、コインの表の出る確率が 0.5 であるとは一体どういうことを意味するのだろうか。統計的検定において有名な p 値は、どのように解釈すべきなのだろうか。あるいはまた、ある変数 X が別の変数 Y の原因であるとは、どういう事態を表しているのだろうか。二本目の縦糸として挙げた**意味論**（semantics）は、統計学で出くわすこれらの命題や概念の意味を明らかにするものである。統計学は純粋な数学的探究に留まるものではなく、数理的に導き出された結論を現実世界へ当てはめ、それを具体的な問題解決へと応用するものである。そのためにも、統計学における概念や結論が一体何を意味するのか、つまりその意味論を押さえておくことが重要になる。しかし統計学が一枚岩ではないように、こうした概念の解釈もまた一意的に定まるものではない。本書の各章では、統計学のそれぞれの流

派に応じて、種々の統計学的概念がどのように理解されているのか、そしてそれが各統計的手法の運用にどのように関わっているのかを明らかにしていく。

　本書を貫く最後の哲学的縦糸は、**認識論**（epistemology）である。認識論は、仮定され解釈された存在を、実際にデータからどのように推論し、正しく認識するのか、ということに関わる。前述のように、統計学は現代において、科学的「お墨付き」を与える主要な方法論となっている。つまり統計学的に「証明」されていることであれば、それはまあ正しいだろう、科学的知識と認めてよいだろう、というような社会的な了解がある。この了解を支えるのは、統計学的に正しく導かれた結論は気まぐれや思い込みから出たのではなく、ある一定の仕方で正当化されている、という我々の思いなしである。しかし正当化される、とは一体どういうことだろうか。現代認識論は、この正当化の概念をめぐって長い間議論を繰り広げてきた（戸田山, 2002; 上枝, 2020）。そしてまた統計学に目を向けても、ベイズ主義、統計的検定、機械学習など、異なった統計学の流派は異なった仕方で「正当化」を了解している。つまり（統計的に）「確かである」、あるいは統計的に導かれた「知識」であるといわれるとき、そこには異なった意味合いが込められているのである。この違いは畢 竟、なぜ数学的な証明や計算によって予測や推定というような経験的問題を解くことができるのか、という問いに対する、それぞれの流派の哲学的態度に起因する。20 世紀においてこの哲学的な不一致は、「ベイズ主義 対 頻度主義」といったような統計的パラダイム間の絶え間ない論争を生み出してきた。私としては、近年下火になってきたこの火種を再び焚きつけるつもりは毛頭ない。しかしそれらのパラダイムの食い違いが、「正当化」という概念の異なった理解によるということを知ることは、この論争に白黒つけるためというより、むしろそれぞれの考え方をより深く理解し、そもそもなぜ統計によって我々は知識を得ることができるのかということを考えるためにも、有益なことだろうと思う。特に後々論じるように、ベイズ主義と検定理論は、それぞれ現代認識論における内在主義および外在主義の考え方にそれぞれ極めて親和的である。こうした並行関係は、統計学と哲学的認識論が、帰納推論という同じ目的を持つにせよ、それぞれ互いにほ

とんど没交渉で発展してきた経緯を考えると、なかなか興味深いことのように思われる。

　以上を縦糸に、本書の各章では個別的な統計的手法に着目し、その概要と哲学的含意に関する考察を行う。これが本書を構成する横糸になる。

　第1章は統計学的思考への導入として、統計学の基本をなす記述統計と推測統計の区分を紹介し、統計量、確率モデルや分布族の考え方など、以降各章で前提とされる最小限の数学的枠組みを解説する。同時に、これらが帰納推論における存在論的な前提をなし、そして統計学とはこのように措定された存在を推定するための認識論的道具立てを提供するという、本書全体を貫く哲学的テーゼが導入される。

　これを踏まえ、第2章はベイズ統計を取り上げる。ベイズ主義における確率観である主観解釈を概観したのち、ベイズの定理と、それを用いた帰納推論の事例を概観する。ベイズ的推論とはこうした確率計算によって、仮説に対する信念の度合いをデータに基づきアップデートしていくことだと理解される。これは、信念は他の信念からの妥当な推論を通じて正当化されるとする、内在主義的な認識論と親和的である。この見立てのもと、事前確率や尤度の正当化といったベイズ統計におなじみの問題群は、基礎付け主義的な認識論が直面する問題と同様の構造を持つことを指摘し、またそうした問題を回避するためには、帰納推論は事後確率の内在的計算に尽きるのではなく、むしろモデルチェックや観測結果の吟味などを通じて、モデル外部の全体論的な考察へと開かれていく必要があることが論じられる。

　続く第3章は、古典統計とりわけその検定理論に焦点を当てる。まず古典統計の確率観である頻度主義的な確率解釈を概観し、簡単な事例を通して検定理論の初歩と、有意水準や p 値などの基本概念を紹介する。統計的検定は、一定の誤りの確率を認めた上で、ある仮説を棄却するべきか否かを教える。しかししばしば誤解されることだが、これは個別的な仮説の真偽を（蓋然的にであれ）我々に教えるものではない。ではなぜ検定結果は、特定の科学的仮説を正当化できるのだろうか。これを考えるために、外在主義的な認識論である信頼性主

義と、ノージックの追跡理論を取り上げ、良い検定とは信頼できるプロセスであり、それゆえにその結論は外在主義的な意味で正当化される、と論じる。これを踏まえ、近年問題になっている p 値に関する論争や再現性問題なども、こうした外在的なプロセスの信頼性に関する問題提起として理解できること、またこの点をめぐって検定理論全体に向けられる批判も、古典統計の認識論的特徴への嫌疑に根ざしていることを指摘する。

　3 章までが統計学の古典的な主題を扱うのに対し、後半の 4、5 章ではより現代的な話題を取り上げる。第 4 章の主題は予測であり、この目的のために近年著しく発展してきた二つのアプローチ、モデル選択と深層学習を取り上げる。モデル選択理論は、複数のモデル仮説のうち、どれが最も予測に適しているかを判断する規準を与える。その代表的指標である赤池情報量規準（AIC）によれば、複雑すぎるモデルは、たとえそれがより現象の詳細で精確な記述を可能にするとしても、より単純で描写の粗いモデルよりも予測性能において劣ることがある。これは科学的推論におけるモデルの役割について再考を促すとともに、予測という実践的な目的に即して世界をモデル化するべきだという、プラグマティズム的な考え方を示唆する。一方で深層学習は、我々の理解が及ばないほど複雑なモデルを構築し、膨大なデータと計算機の力によって予測問題を解決する。このアプローチの目覚ましい成功は、近年の我々の生活を大きく変えてきた。しかしながら深層学習モデルは、従来の統計学理論とは異なり、その理論的背景と限界は十分に理解されておらず、むしろ「こうすると上手くいく」というような工学的発明の積み重ねに近い。ではそのような理論的保証を欠いた深層モデルの挙動や結論は、いかにして正当化されるのだろうか。本書ではそれを考察するための緒として、徳認識論の考え方を援用する。つまり深層モデルの信頼性は、それが持つ認識論的な能力ないし徳（virtue）として、モデル特異的に理解される。この観点から、深層モデルを理解するとは一体どのようなことなのかを、他者や他生物の認識能力の理解に関する哲学的言説を参考にしつつ考察する。

　続く第 5 章の主題は、因果推論である。よく言われるように、因果は確率とは

10

異なる。では、どのように異なるのだろうか。本書の言葉で言えば、両者は相対する存在が異なる、つまり確率推論と因果推論は異なる存在論に根ざしているのである。より具体的には、予測がこの現実世界に関する推論であるのに対し、因果推論とはありえた／ありうる可能世界についての推論である。これを念頭に、本書では反実仮想モデルと構造的因果モデルという、因果推論の二つのアプローチを紹介する。前者は可能世界の状況を潜在結果という変数によって表し、原因の効果を現実世界と可能世界の差として推定する。一方後者は有向グラフによって変数間の因果的影響関係を図示した上で、グラフ上の位置関係が確率的関係にどのように反映されるのかを研究する。いずれにおいても重要になるのは、現実世界において観測されたデータと、その本性上決して観測されえない可能世界や因果構造とをつなぐ何らかの前提である。「強く無視できる割り当て条件」や「因果的マルコフ条件」などは、このように異なる存在の次元を架橋するための橋であり、因果推論においてはこのような前提を敷くことでデータから因果関係が推論される。そしてその推論過程においては、推論されている当の対象がどの存在論的レベルに属し、またそのためにどのような想定が働いているのかを把握しておくことが重要なのである。

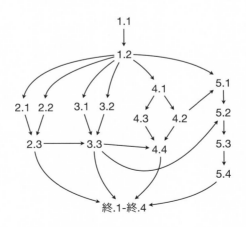

図 0.1　本書の構造。

　こうした個別的考察を踏まえ、終章では統計学における存在論、意味論、認識論の意義、および統計学と哲学の関係性をまとめる。

　図 0.1 は、各章の論理的関係性を示している。哲学的問題は互いに関連しあっている部分が多いため、本書の各部分も有機的なつながりを持って書かれている。しかし各人の興味関心に合わせて取捨選択する場合は、この図を参考に必要に応じて前後を参照していただきたい。また各章の末尾には、簡単な読書案内を、なるべく日本語で読めるものから選び付しておいた。ただしそれはあくまで私の主観に基づく紹介であり、必ずしも各トピックで標準的ないし古典的とされている文献が網羅されているわけではないことを断っておきたい。特に統計学の教科書については、巷に様々な良書が出版されているので、各自に合ったものを選んでいただければと思う。

第 1 章

現代統計学のパラダイム

　ではさっそく、本題に入ろう。大まかに言って統計学とは、数字や数学を用いてデータをまとめ、それに基づき推論するための学問である。そこで本章では、こうした活動の基盤となる統計学の数理的枠組みを説明することから始める。現代統計学には、「記述統計」と「推測統計」という二つの側面がある。本章ではこれらそれぞれを簡単に説明し、その思想的なバックグラウンドを明らかにする。ちなみに先に断っておくと、この章が最も数学的記号が多い。なので数学嫌いの読者は一瞬怯むかもしれないが、しかし読み進めていくとそんなに大したことは書いていないことに気づくはずだ。また本書にとって重要なのはアイデアを掴むことなので、とりあえず細部は読み飛ばして後々必要になったら戻ってくる、くらいの気軽な気持ちで読んでもらっても構わない。

1　記述統計

　統計学（statistics）という学問分野の来歴は、その名が示す通り、国家（states）の勃興と深く関わっている。18 世紀から 19 世紀にかけてのヨーロッパにおける中央集権的な近代国家の成立は、「印刷された数字の洪水」を引き起こした（Hacking, 1990）。徴税や徴兵、都市や福祉計画などの目的のため、整備されつつあった官僚機構によって国内のあらゆる情報が中央政府に集められ、数字として報告されるようになったのである。為政者たちは、こうした数字の洪水、今で言うなら「ビッグデータ」を適切に要約し、そこから真に必要とされる情

報を抽出する必要があった。現代においても、得られた統計的データの平均や
バラツキを見たり、プロットやヒストグラムなどによって視覚化して全体像を
掴むことはお馴染みの手法だろう。このようにデータを我々に理解できるよう
な形で記述し、要約するための技術は、一般に**記述統計**（descriptive statistics）
と総称される。データを要約する種々の指標は**統計量** (statistics) と呼ばれ、代
表的な統計量として、標本平均、標本分散、標準偏差などがある。

1-1 統計量

1-1-1 一変数統計量

例えば教室に n 人の学生がいるとして、その身長を変数 X で表すとしよう。
それぞれの学生の身長を測定して得られた数値を、 $x_1, x_2, \ldots, x_n$ と表すこと
にする。ただしここで x_i は i 番目の学生の身長であり、例えば彼女が 155 cm
だったら $x_i = 155$ である。他方、別の変数 Y で年齢を表すとしたら、 y_i は i
さんの年齢（例えば $y_i = 23$）となる。つまり変数（大文字）は観察される特徴
のカテゴリーを表し、その値（小文字）は観察された特定の状態を表す。この
ようにして集められたデータを**標本** (sample) という。

変数 X の**標本平均** (sample mean) は、観測された X の値の総和を標本数 n
で割ったものである：

$$\bar{X} = \frac{x_1 + x_2 + \cdots + x_n}{n} = \frac{1}{n} \sum_{i}^{n} x_i$$

標本平均は標本の「重心」を与えるという意味で、データを要約するものである。

もう一つの代表的指標は、**標本分散** (sample variance) であり、以下のように
定義される：

$$\mathrm{Var}(X) = \frac{1}{n} \sum_{i}^{n} (x_i - \bar{X})^2$$

標本分散は、それぞれのデータ点の平均からのズレを二乗して、その平均を取っ

たものである（二乗するのは、負のズレも正のズレも平均からの距離として等しくカウントするため）。したがって各データが平均周りに固まって分布しているほど分散は小さくなり、逆に広範囲に散らばっていると大きくなるため、これによって平均周りのデータのバラツキを示すことができる。

標本分散は、計算時に二乗しているのでもとの単位よりもズレが強調されてしまう。バラツキをもとの単位で知りたい場合には、分散の平方根である**標準偏差** (standard deviation) が用いられる：

$$\mathrm{sd}(X) = \sqrt{\mathrm{Var}(X)} = \sqrt{\frac{1}{n}\sum_{i}^{n}(x_i - \bar{X})^2}$$

1-1-2　多変数統計量

以上は、データの一つの変数ないし側面のみに注目した統計量であった。他方、二つ以上の変数があるとき、それらの間の関係性を知りたいことがある。例えば身長 X がどれくらい年齢 Y に伴って変化しているかは、その**標本共分散** (sample covariance) によって調べることができる：

$$\mathrm{Cov}(X, Y) = \frac{1}{n}\sum_{i}^{n}(x_i - \bar{X})(y_i - \bar{Y})$$

考え方は分散のときと似ている。各データ点について X における平均からのズレ、Y における平均からのズレをかけ合わせて、それを総和する。各項はズレの積なので、x と y が共に平均以上あるいは以下ならプラス、一方が平均以上で他方が平均以下だったらマイナスとなる。よって全体として、X と Y が共に変化（covary）しているなら共分散はプラス、逆向きに変化しているならマイナスになる。

共分散をそれぞれの変数の標準偏差で割ったものを、**相関係数** (correlation coefficient) という。

$$\mathrm{corr}(X, Y) = \frac{\mathrm{Cov}(X, Y)}{\mathrm{sd}(X)\mathrm{sd}(Y)}$$

相関係数はつねに $-1 \leq \mathrm{corr}(X, Y) \leq 1$ の範囲に収まるため、複数の変数間の関係性の強弱を比較する際に便利である。相関係数がマイナスのとき負の相関、プラスのときは正の相関という。

　変数 X, Y の共分散ないし相関係数がゼロから離れていれば、一方の変化に伴って他方も変化していることがわかる。では、どれくらいだろうか。例えば、年齢が一つ上がるにつれ、平均身長はどれだけ上がる（あるいは下がる）のだろうか？　これに応えるのが**回帰係数** (regression coefficient) であり、次式によって表される：

$$b_{x,y} = \frac{\mathrm{Cov}(X, Y)}{\mathrm{Var}(Y)}$$

これを X の Y への回帰係数と呼び、Y の単位あたりの X の変化を表す。例えば上の例では、データ上では年齢 Y が 1 歳増えるごとに、身長 X は平均して $b_{x,y}$ だけ上がっていることになる。回帰係数は、**回帰直線**の傾きを与える。つまりそれは X を横軸、Y を縦軸にとりデータをプロットして、各データ点からのズレの二乗の総和が最も小さくなる、つまりデータに最もよく当てはまるように直線を引いたときに、その直線の持つ傾きとなっている。

1-1-3　離散変数

　我々が観測する「特徴」は、必ずしも身長のように連続的な数で表される必要はない。例えば、コイン投げの結果を X という変数で表し、表を 1、裏を 0 で表すと取り決めることができる。このように連続値を取らない変数を**離散変数**という。この時、n 回のコイン投げの結果は 0,1 からなる数列 $(x_1, x_2, \ldots, x_n)$ で表される。ちなみにその平均 $\bar{X}$ は、n 回の試行のうち表が出た割合である。また標本分散も同じ仕方で計算できる。この場合の標本分散は、表と裏が等しい数だけ観測されたときに最大となり、逆に表だけ、あるいは裏だけが観測されたときにはゼロとなる。つまりこの場合でも、標本分散は結果のバラツキ具合を示している。

1-2 「思考の経済」としての記述統計

　さてここで一旦立ち止まって、上のように計算される統計量が我々に何を教えてくれるのかを考えてみよう。上述のように統計量には、大量のデータを我々が把握しやすい形で示すという役割がある。これによって、単なる数字の羅列からだけでは見えてこなかったデータの構造や連関が明らかになるかもしれない。例えば図 1.1 は、回帰分析の始祖であるフランシス・ゴルトンによって制作された、19 世紀イギリスにおける 205 組の親の身長の平均値（父と母の身長を足して 2 で割ったもの）と子の身長の平均値（兄弟姉妹の身長を足して人数分で割ったもの）との間の関係性を示す回帰プロットである。回帰直線の傾きが正であることから、親の身長が高いほど、子の身長も高い傾向にあることがわかる。しかし同時に、傾きが 1 未満であるため、親の身長は完全には子には遺伝しない、つまり背が高い親の子だからといって平均して親と同じくらいの高さになるわけではない、ということも見て取れる。ゴルトンはこの現象を「平均への回帰（regression toward the mean）」と名付け、特出した能力や才能も放っておけば自然に中庸へと回帰してしまうのではないかと危惧した。この危惧の妥当性はともかく、ゴルトンの回帰分析は、得られた 205 組のデータから親子の身長の関係性を鮮やかに描き出すことに成功している。つまり若干大げさに言えば、データの中に潜む規則性ないし法則をあぶり出すことに成功している。

　ゴルトンと同時代に興隆した**実証主義**（positivism）の考え方に従えば、このように観測されたデータをまとめることこそが科学の目的であった。実証主義の基本的な考え方は、科学的な言明は、現実の経験や観測に基づかねばならない、というものである。確かに、例えば「神」とか「霊魂」とかいった非経験的な原理を科学から排除しましょう、という姿勢は一見もっともらしい。しかし実証主義の真の狙いは、むしろ科学自身の内部にあって一見科学的な装いをしているものの、それ自体は観測されないような概念の排斥にあった。例えば当時、気体の熱や圧力などの現象を、ミクロな粒子の運動と衝突によって説明しようとする原子論の考え方が、統計力学の創始者の一人であるボルツマンに

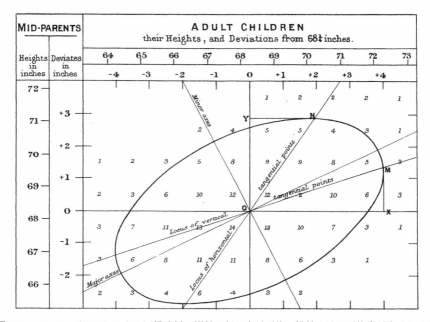

図 1.1　Galton (1886) による回帰分析。縦軸は親の身長平均、横軸は子の平均身長をそれぞれインチ単位で表し、図内の数字は該当する親子の組の数を示す。「Locus of vertical/horizontal tangential points」と表示されているのが回帰直線。

よって提唱されていた。これに噛み付いたのが、実証主義の親玉である物理学者エルンスト・マッハである。「神」や「霊魂」と同様に、「原子」や「力」などといったものも（少なくとも当時の科学技術では）観察不可能であり、それは単に説明のために仮定されたものに過ぎない。しかし実際に観測されないような概念を持ち出して現象を理解した気になってもそれはなんの役にも立たない、むしろそのような直接観測されないようなものを仮定することなく、観察されたデータのみに基づき、それを我々の理解できるような法則として簡便かつ整合的な仕方でまとめること、そうした「思考の経済」こそが科学の唯一の目的である——マッハはこのように喝破した。

　マッハのこの考え方を全面的に引き継いだのが、ゴルトンの後継者であり、また上述の相関係数の発案などを通じて記述統計の数理的基盤を整備したカー

ル・ピアソンである。ピアソンは実証主義の考えを推し進め、因果性の概念を
やり玉に上げた。曰く、我々は普段、ある事象 A が他の事象 B を引き起こすと
いう因果的関係を、自明なものとして受け入れている。しかし実際それはどの
ような関係なのだろうか。例えばあるビリヤードボールが、静止しているボー
ルに当たってそれを動かす場面を想像してみよう。ここで実際に我々が観察す
るのは、前者の運動と衝突の後に後者の運動が生じた、ということだけである。
それをもって我々は「前者が後者を引き起こした」などとと言うのであるが、し
かし現象として「引き起こし」なるものが直接観察できるわけではない。つま
りヒュームがすでに 18 世紀に指摘したように、我々が観察するのは単に A の
後に B が続いて起こるという**恒常的な連接**（constant conjunction）であり、原
因の「力」のようなものを直接観察するわけではない。これは記述統計の枠内
でも同様である。それが示すのはある変数 X が他の変数 Y と相関していると
いうこと、両者の回帰直線の傾きが大きいということだけであり、前者が後者
を引き起こす因果関係なるものはデータ上には決して現れてこない。であると
したら、因果性という概念も、「神」や「原子」同様、観測されえないものとし
て、データに基づく実証主義的な科学からは排斥されなければならない。これ
は、よく言われるような「相関から因果は結論できない」というような主張では
ないことに注意されたい。むしろピアソンの主張はより強く、そもそも因果な
るものは科学にとって無用の長物なので、我々はそれについて思いをめぐらす
必要は全くない、ということだ。科学は対象を観測して、データを集める。そ
して我々が因果と呼び慣わしていたところの「恒常的連接」は、相関係数とし
てより明確に定義し直され、データから客観的な仕方で計算される。したがっ
て思考の経済を科学の目的に掲げる実証主義の観点からすれば、記述統計は必
要十分な手段を提供するのであって、それ以上の因果的想定は形而上学的な混
乱を招くだけである、このようにピアソンは結論づけた。

　実証主義は、極端なデータ一元論である。すなわち、科学において「ある」と
認められるのは客観的な仕方で計測されたデータとそこから導かれる概念だけ
であり、それ以外のものは人間の作り出した人工物に過ぎない、という考え

方である。科学で用いられる概念は、すべて明示的な仕方でデータに還元されなければならず、それが不可能な場合、いかに一見して説明に役立っているように見えようとも、科学的な文脈からは排斥されなければならない。こうした考え方自体は、我々の知識はすべて経験に由来しなければならないとする経験主義の見方を踏襲したものである。だがそれを単なる形而上学を超えて、科学的方法論にするためには、その存在論的枠組みをより厳密、客観的に定式化する必要がある。例えば我々がヒュームに倣い、存在するのは事象間の恒常的連接のみである、そしてその意味は両者が伴って生じるということである、と主張したとしよう。しかしこれだけでは曖昧であり、そもそも両者が伴って生じるとはどういうことか、またどれくらい伴っていれば恒常的に連接していると判断できるのか、ということについてなんの手がかりも与えてくれない。これに対し相関係数は、より厳密な定義を与えてくれる：すなわち二つの変数が関係している、ないし恒常的に連接しているというのは、両者の相関係数が 1 に近いということを意味している。もちろん、ここでもどれくらい 1 に近ければよいのか、という意味での曖昧さは残るだろうが、しかし例えば二つの相関係数を比べたときどちらがより関連しているかを決めることができるなど、より精緻な表現が可能になっている。このように記述統計は、科学的探究の「素材」としてのデータをより厳密に表現することで、実証主義的な探究に具体的な方法論を与える。ピアソンは自らの科学的方法論を、いみじくも『科学の文法（the Grammar of Science）』と名付け出版した (Pearson, 1892)。それはマッハが先導したデータ一元論的な存在論に対し、それを科学的に記述し表現するための文法を与えるのは記述統計の枠組みにほかならないという、彼のマニフェストなのである。

1-3　経験主義、実証主義と帰納の問題

　さて我々は以上で、科学の目的を思考の経済に求める実証主義と、その具体的な方法論としての記述統計を見てきた。このような実証主義的科学観は、実際

の科学的探究とその理念を過不足なく捉えているだろうか。実証主義を動機付けるのは、知識は確実な土台の上に築かれなければならないという認識論的な信念である。実証主義は科学の土台を直接観測されたもののみに切り詰め、経験に還元されない概念を非科学的・形而上学的なものとして退けた。しかしこの禁欲さによって得られた確実性には、大きな代償が伴う。なかでもとりわけ大きな代償は、すでにヒュームによって指摘されていた、帰納推論の不可能性である。帰納とは、与えられた経験、観測、データをもとにして、まだ観測されていないないし知られていない事象を推測する推論の様式を指す。これには、学期中の学食は混むから今日の昼も席はとれないだろうといった他愛のない予想から、ある治験結果から薬の効能を判定するような科学的推論まで、我々が行う推論のほとんどが含まれる。我々はこのように推論するとき、推論の対象となっている未観測の事象は、推論の前提となっているこれまで観測されてきた事象と同様だろう、と無意識に想定している。ヒュームは、過去、未来を通して自然は同じように働くだろうというこの仮定を、**自然の斉一性**（uniformity of nature）と呼んだ。しかしこの仮定そのものは、これまで得られた経験のみからは決して導かれない。というのは経験は過去の歴史を示すだけであって、まだ見ぬ未来についての情報は何も含んでいないからである。まだ見ぬ未来は、当然のことながら、未観測なのである。よってもし実証主義が、観察によって裏付けられない形而上学的想定として自然の斉一性を放擲してしまうのであれば、それは同時に帰納推論の根拠も失ってしまうのである。

　この限界は、当然、記述統計にも当てはまる。つまり記述統計の枠組みでは、データに含まれていないものを予測するようなことは一切正当化されない、あるいはより正確に言えば、記述統計はそのような予測を一切行わない。なぜなら予測は、「既存のデータを整合的に要約する」という記述統計の本分には属さないからである。だから図 1.1 に示される 205 件のデータに基づいてゴルトンが求めた回帰直線は、それ自体としては、そのデータに含まれない親子の身長の関係について何も述べない。確かにこの図を見れば、まだ観測されていない親子のデータも直線の近くに分布するだろうと予想したくなるのが人情だろう。

しかしヒュームの言葉を借りればそれは単なる我々の「心の癖」なのであって、それ自体として理論的・経験的な裏付けを伴ったものではない。記述統計の「文法」に従う限り、そうした予測は、「幾度の災難をくぐり抜けてきたこのお守りには特別な力が宿っている」という類の言明と同様、科学的な意味を持たないのである。

　これは潔い態度かもしれないが、しかし科学的方法論としては全く期待外れなものである。確かに現象をまとめて整理することも科学の一つの役割かもしれない。しかし我々の多くがそれ以上に期待しているのは、観察されない／できない事象を予測したり説明したりする能力なのではないか。であるとしたら、我々は純粋に実証主義的な記述統計の枠組みで満足することはできない。科学的実践における予測や説明を保証してくれるような、より強力な統計学的方法論が必要なのである。

2　推測統計

　記述統計が与えられたデータを要約するための手法だとしたら、推測統計はそのデータをもとに未観測の事象を予測、推定する技術である。しかしすでに確認したように、帰納推論はデータだけからは正当化できず、その背後にある種の斉一性を前提する必要があるのであった。推測統計は、ヒュームが自然の斉一性と呼んだこの仮定を**確率モデル**（probability model）[1]として定式化した上で、帰納推論を数学的に精緻化する。図1.2は、この大枠を示したものである。この枠組みにおいてはまず、データはその背後にある確率モデルから抽出されたサンプル／標本として捉え直される。抽出はランダムになされるのでサ

---

[1]この用語には注意を要する。一般に確率論において、確率モデルとは標本空間、その上の代数、および測度関数の三つ組として定義され、本書もこの用法を踏襲している。しかし統計学においてはこれを「真なる分布」と呼び、このさらなるモデルである統計モデル（後述）を「確率モデル」と呼ぶ流儀も一般的である。しかしより根本的に考えれば、そもそも対象が何らかの確率分布によって表されるという想定自体が既に対象の確率論的なモデル化を含んでいる（自然の斉一性は我々のモデルでしかない）ため、本書は前者の慣習に従うことにする。この場合後述するように、確率モデルと統計モデルを区別することが肝要である。

22

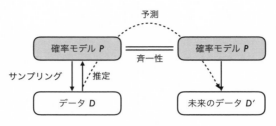

図 **1.2** データと確率モデルの二元論。推測統計において、データは確率モデルからの部分的抽出として扱われる。確率モデルは直接は観察されず、データから帰納的に推論されるのみである。この確率モデルが斉一的に留まるという仮定を置くことで、既知のデータから未知のデータへの予測が根拠付けられる。記述統計の概念（統計量）は下のデータの世界を記述するのに対し、確率論の用語（2-1 節）は上の世界を記述するためのものである。

ンプルごとに内実は変わるが、しかしそのもととなる確率モデル自体は推論過程を通じて同一に留まる（斉一的）と仮定される。ただこの確率モデル自体は観測されないため、我々は手元のデータをもとにそれを推測しなければならない。そしてそのように推定された確率モデルを媒介として、未来のデータが予測されるのである。推測統計はこのように、データの背後に控える「存在」として確率モデルを導入することで、帰納推論を行う。いわばそれはデータとモデルの二元論であり、前者のみを「科学的実在」として認める実証主義に比べてより豊かな存在論を措定することで、ヒュームの問題に対処しようとするのである。

　では、実際にそれはどのように機能するのか。以上の存在論的な枠組みが科学的推論の方法として機能するためには、次の二つのことが必要である。まず、ここで新たに導入された存在としての確率モデルを記述するための数学的な枠組みが必要である。そして第二に、そのように想定されたモデルをデータから推論する方法、すなわちその認識論が与えられなければならない。後者については次章以下で詳しく考察することにして、ここではまず確率モデルとは何か、その実体について見ていくことにしよう。

2-1　確率モデル

　我々は前節で、データをまとめる手法としての記述統計を導入した。一方その背後にある確率モデルを記述するのは、**確率論**である。つまり我々が日常でもよく使う確率という概念は、データ自体ではなく、その背後にあって、我々がそこからデータを取ってくる源として想定されるような世界に属する概念なのだ。この「源としての世界」のことを、**母集団**（population）ないし**標本空間**（sample space）と呼ぶ。これは基本的に、関心のある試行や集団について、起こりうる・観測しうるすべての結果や個体を集めた集合だと思ってもらって差し支えない。例えば、サイコロを 1 回投げる試行の標本空間は $\Omega = \{1, 2, 3, 4, 5, 6\}$ であり、2 回投げるのであればその直積 $\Omega \times \Omega$ となる。一方、選挙結果予想などで想定される標本空間は、投票した全有権者の集合である。

　我々が**事象** (event) と呼ぶのは、この標本空間の部分集合である。例えばサイコロを 1 回投げたとき偶数が出るという事象は $\{2, 4, 6\}$ で表すことができ、これは上述の $\Omega = \{1, 2, 3, 4, 5, 6\}$ の部分集合になっている。同様に 2 回投げてゾロ目が出るという事象は $\{(1,1), (2,2), \ldots, (6,6)\} \subset \Omega \times \Omega$ であり、これもやはり標本空間の部分集合である。以下では標本空間を Ω、その部分集合である事象ないし性質を大文字 $A, B, \ldots$ で表すことにする。すぐ後で見るように、確率とはこの事象が標本空間上に占めるサイズを測るものだ。しかしその前に、そもそもどのような事象なら測定対象として認められるのか、ということについてルールを決めておかねばならない。つまり確率が割り当てられるような正真正銘の事象が満たすべき条件とは何か、ということだ。これは次の三つの公理によって与えられる。

R1　空集合 $\emptyset$ は事象である。

R2　ある部分集合 $A \subset \Omega$ が事象なら、それを除いた補集合 $A^c = \Omega/A$ もやはり事象である。

R3　部分集合 $A_1, A_2, \ldots$ が事象であるならば、その和集合 $\bigcup_i A_i$ もやはり事象

である[2]。

何のことはない、ここで言われているのは、ある事態を事象と認めるならその否定もやはり事象として考えられなければならないし、また複数の事象があればそれらを合わせた事態もやはり事象として認められなければならない、ということだ。これらの条件を満たす事象の集合はシグマ代数（σ-algebra）と呼ばれる、のだが本書ではあまり気にする必要はないだろう。例えば上述のサイコロ投げの例では、標本空間 Ω の冪集合は上の条件を満たすシグマ代数となっており、その場合標本空間のどのような部分集合をとってきてもそれは事象となっている[3]。

　確率（probability）とは、ありていに言えば標本空間全体に占める事象＝部分集合の「大きさ」を測るもの（measure）であり、次の三つの公理を満たす関数 P として定義される[4]。

■ 確率の公理

A1　任意の事象 A について、　$0 \leq P(A) \leq 1$

A2　$P(\Omega) = 1$

A3　互いに排反な事象 $A_1, A_2, \ldots$ に対し、

$$P(A_1 \cup A_2 \cup \ldots) = P(A_1) + P(A_2) + \ldots$$

　公理1は、どの事象（つまり標本空間の部分集合）にも、最小0から最大1までの確率が割り振られることを述べている。公理2により、標本空間全体の確率は1である。事象が排反とは、それらが共通の部分を持たないという意味

---

[2]なおここで $A_1, A_2, \ldots$ は有限個とは限らず可算無限個でも良い。確率の公理における A3 も同様。

[3]ならばシグマ代数などというややこしいものを持ち出さずに、どんな時も冪集合を使えば良いじゃないかと思われるかもしれない。標本空間が有限な場合それはもっともなのだが、しかしそれが実数区間などの非可算無限の場合、問題を生む。非可算無限集合の冪集合は大きすぎて、とても「事象」とはいえずそのサイズも測れないような病的な部分集合に溢れているのである。なので我々は対象となる集合を「行儀の良い」シグマ代数に絞る必要がある。シグマ代数が付加された集合は、そのサイズが測れるという意味で可測空間（measurable space）と呼ばれる。

[4]これは Ω の部分集合に値を割り振る関数なので、Ω からではなく、その上に定義されたシグマ代数から $[0,1]$ への関数となる。

である。よって公理 3 は、互いにオーバーラップしない事象（部分集合）を合わせた事象の確率は、各事象の確率を足し合わせたものに等しくなると述べている。

　確率モデルは、上述の三要素、すなわち標本空間、その上のシグマ代数、および確率関数から構成される。基本的にこれが確率のすべてを定めている。例えば、ここから以下のような定理を導くことができる（できれば証明してみよう）。

T1　$P(A^c) = 1 - P(A)$（ただし A^c は A の補集合を表す）
T2　どんな事象 A, B であっても（それらが排反でなくても）

$$P(A \cup B) = P(A) + P(B) - P(A \cap B)$$

つまり「A もしくは B」の確率は、A の確率、B の確率を合わせたものから、ダブるところ（A かつ B である確率）を引いたものに等しい。なお以下では簡便のため $P(A \cap B)$ を $P(A, B)$ と記す。

■条件付確率と独立性

　さて、上述の公理が確率のすべてなのだが、若干の定義を導入するとさらに表現の幅が広がる。「B という事象が生じた条件のもとでさらに A という事象が生じる確率」を B のもとでの A の**条件付確率**（conditional probability）と呼び、以下のように定義する：

$$P(A|B) = \frac{P(A, B)}{P(B)}$$

一般に、条件付ける前と後では事象の確率は異なる。しかしこれが変化しない、つまり $P(A|B) = P(A)$ のとき、A と B は**独立**（independent）であるという。独立のとき、B について情報が得られたとしても A について新しい情報は何も得られない、つまり両者には関係がない。A と B が独立でないとき、両者は**従属**（dependent）であるという。独立関係については次が成り立つ（理由は上の定義から考えてみよ）。

- 対称性。つまり $P(A|B) = P(A)$ ならば $P(B|A) = P(B)$ であり、逆もまたしかり。
- A と B が独立ならば、$P(A, B) = P(A)P(B)$、つまり両者がともに成立する確率はそれぞれが成立する確率をかけ合わせたものであり、逆もまたしかり。

■周辺化と全確率の定理

事象 $B_1, B_2, \ldots, B_n$ が標本空間を区分している、すなわちそれらは互いにオーバーラップすることなく（つまり $i \neq j$ なら $B_i \cap B_j = \emptyset$）、またすべてを合わせると標本空間全体に等しくなるとする（$\bigcup_i^n B_i = \Omega$）。このとき、任意の事象 A について

$$P(A) = \sum_i^n P(A, B_i)$$

つまり A の「領域」は、A と B_i が重なるところをすべて継ぎ合わせることで復元できる。これを**周辺化**（marginalization）という。この右辺の各項を条件付確率で書き直すと、

$$P(A) = \sum_i^n P(A|B_i)P(B_i)$$

を得る。これを**全確率の定理**（law of total probability）と呼ぶ。

■ベイズ定理 (Bayes' theorem)

条件付確率の定義の右辺を少し変形することで、任意の事象 A, B について、

$$P(A|B) = \frac{P(B|A)P(A)}{P(B)}$$

が得られる。これらの式は、次章で扱うベイズ統計において重要な役割をはたすことになる。

2-2　確率変数と確率分布

　前述したように、事象は標本空間の部分集合である。よってあるサイコロを振って偶数が出る確率は、$P(\{2,4,6\})$ と表記される。しかしこうした事象は、まだその「名前」を持っていない。まあ「偶数の目」などたかだか三つの要素からなる部分集合ならばそれを直接書き下しても特に不便はないだろうが、例えば日本国民全員からなる標本空間の中から 18 歳以上の有権者のみを抜き出したいときなど、いちいち個々の要素を列挙していたのでは面倒である。そこで、標本空間中の興味ある事象を抜き出す方法として、**確率変数**（random variable）を導入する。確率変数とは、標本空間上に定義される（実数値）関数であって、対象の性質を表す。例えば確率変数 Y が年齢を表す関数だとしたら、$Y(磯野波平) = 54$ は標本空間に含まれる磯野波平氏は 54 歳であるということを示す。これを使って、「18 歳以上の国民」という部分集合を Y の逆像 $\{\omega \in \Omega : Y(\omega) \geq 18\}$ で表すことができる。つまり標本空間 Ω のうち、Y の値が 18 以上になるような要素 ω を集めてできる集合ということだ。しかしこれでは若干長ったらしいので、上の部分集合を簡便に $Y \geq 18$ と表すことにする。同様に X が身長を表すとすると、$X = 165$ は $\{\omega \in \Omega : X(\omega) = 165\}$ の省略形で、これは身長が 165 cm である国民の集合である[5]。さて、我々は上で標本空間の部分集合を事象として定義したので、ここでもそれに沿って考えるため、全国民を無作為に選び出すという試行を考えてみよう。この背景では、$Y \geq 18$ は選ばれた人が 18 歳以上であるという事象、$X = 165$ は同じく相手が 165 cm であるという事象に対応する。

　さて、確率変数の値によって特定された事象は標本空間の部分集合なので、当然それには確率を割り当てることができる。選ばれた人が 18 歳以上であるという確率は $P(Y \geq 18)$、身長が 165 cm であるという確率は $P(X = 165)$ である。一般に、ある確率変数 X について、その値が x を取る確率は $P(X = x)$ で表さ

---

　[5]この表記は一般的なので本書でも多用することになるが、紛らわしいので注意が必要である。通常、我々は等号を左辺と右辺が等しいという主張を表すものとして使うが、ここでの等号にはその意味はない。$X = 165$ は「X は 165 である」という主張ではなく、「X という関数の値が 165 になるような要素の集合」という意味であることに注意しよう。

れる。上の例でいけば、$P(X = 165) = 0.03$ は選ばれた人が 165 cm である確率は 3% である、ということを意味している。等号が二回出てきているので違和感があるが、先の等号（$X = 165$）は「165 cm である」という事象を抜き出すために使ったいわばラベルなので、実際に等式として両辺を結び付けているのは二つ目の等号である。ただしこの表現はややまどろっこしいので、どの確率変数を意味しているのかが明らかなときは、最初の等号を省いて $P(X = x)$ を単に $P(x)$ と表すことにする。例えば $P(x) = 0.01$ は、確率変数 X が値 x をとる確率が 1% である、ということを意味する。二つ以上の変数を組み合わせることで、さらに事象を絞り込むこともできる。例えば $P(x, y)$ を考えてみよう。これは正式には $P(X = x \cap Y = y)$、すなわち上の例に従えば、身長が x cm であり、かつ年齢が y 歳であることの確率を示している。

　確率変数を導入すると何が嬉しいのか。我々はたいてい、身長や年齢など、何らかの属性や性質に関心がある。こうした属性を変数で表すことによって、その属性の値に応じて確率がどのような値をとるのかを表す、すなわち確率を変数の値の関数として表すことができる。確率変数 X の任意の値 x に対して確率 $P(x)$ を与えるこの関数を、X の**確率分布**（probability distribution）と呼び、$P(X)$ と表記する。ここで大文字 X と小文字 x の違いに注意しよう。$P(X)$ は関数であり、X を横軸にとり、確率値を縦軸にとったグラフやヒストグラムによって表すことができる。一方 $P(x)$ すなわち $P(X = x)$ はその関数に特定の値 x を与えた際に返される確率の値であり、これは関数グラフ $P(X)$ の横軸値 x における点の高さである。

　また二つ以上の確率変数 X, Y があるとき、それぞれの値 x, y に対して確率 $P(x, y)$ を与える関数を X と Y の**同時確率分布**（joint probability distribution）という。こちらは X, Y からなる面を水平面とし、$P(x, y)$ の値を高さとする三次元プロットで表せる。同時確率分布 $P(X, Y)$ は確率変数 X, Y の確率についての情報すべてを含んでいる。ここからそのうち一つ、例えば Y の情報のみを

抜き出すには、X の値で総和することで周辺化を行う[6]：

$$P(y) = \sum_x P(y, x)$$

これをそれぞれの $Y = y$ で計算して得られる分布を Y の**周辺確率分布**（marginal probability distribution）と呼ぶ。

　確率分布は前節で導入された確率モデル上の確率関数に他ならず、実際 $P(x)$ とは $X = x$ によって特定される事象が持つ確率を表しているに過ぎない。よって当然、確率の公理、定義、定理などがすべて妥当する。例えば、y 歳である人が身長 x cm であるという条件付確率を、$P(x|y) := P(x, y)/P(y)$ と定義することができる。同様に、$P(x|y) = P(x)$ ないし同じことだが $P(x, y) = P(x)P(y)$ のとき、事象 $X = x$ と $Y = y$ は独立であるといえる。これは、ある特定の身長 x と年齢 y との間の関係性であることに注意しよう。より一般に、確率変数 X, Y のすべての値 x, y について独立性 $P(x, y) = P(x)P(y)$ が成り立つとき、確率変数 X と Y は独立である、という。この二つの違いに注意しよう。確率変数の値についての独立性は、ある具体的な事象間の関係であるのに対し、確率変数自体についての独立性は、性質間の一般的な関係性である。例えばこの場合に前者が主張するのは、ある人が y 歳だったとしても、その身長が x cm かどうかについては何も影響を与えないということであるのに対し、後者は、一般的に身長と年齢とはおよそ無関係だと主張するものである。後者の主張はより強く、おそらく身長と年齢のケースではこの独立性は成り立たないと考えられるが、他の性質、例えば身長と通勤時間などであれば独立だと期待できるかもしれない。

---

[6]ここで $\sum_x$ は X の可能な値すべてについての和を意図している。X が連続値を取るときは、和のかわりに積分をとり $P(y) = \int_{-\infty}^{\infty} P(y, x)dx$ となる。以下同様に、本書では確率変数が連続値の場合は和を積分記号に読み替えていただきたい。より詳細は次ページ参照。

2-2-1　連続確率変数と確率密度についての補足

　1-1-3 節でも見たように、性質によって、それが離散値をとるか、連続値をと
るかは変わってくる。例えば身長など連続的に変化する特徴は、実数値を与え
る連続確率変数によって表すことが適切かもしれない。しかしこうした連続確
率変数の場合、その確率の取り扱いには若干の注意が必要になる。例えば X を
連続確率変数としたとき、それが特定の実数値 x をとる確率 $P(X = x)$ はどれ
くらいだろうか。これはどのような x をとっても、ゼロになってしまう。とい
うのも、確率関数は標本空間の部分集合の大きさを測るものであったことを思
い出そう。しかるに、実数無限濃度を持つ集合のうちの一点、例えば実直線上
の一点は大きさや広がりを持たない。それゆえその「大きさ」である確率もゼ
ロにならざるをえない。これはどれだけ人口が多くても、その身長がぴったり
170.000...cm となるような人は一人もいない、と考えれば納得しやすいかもし
れない。こうして連続確率変数の場合、その値の確率はゼロになってしまうの
だが、その場合でもある範囲の確率、例えば身長 169 cm から 170 cm の間の確
率はゼロ以上となりうる（実際筆者はこの区間に属するので少なくとも一人は
該当する）。であれば、この区間をある点へと限りなく狭めていった結果も考え
ることができる。これをその点における**確率密度**（probability density）といい、
各点 x に確率密度を与える関数を**確率密度関数**（probability density function）
と呼ぶ。区間の確率は、この確率密度関数をその間で積分することで得られる。
例えば身長の確率密度関数を f とすると、身長 169 cm から 170 cm までの確
率は

$$P(169 \leq X \leq 170) = \int_{169}^{170} f(x)dx$$

と求められる。

　したがって本来であれば、確率変数が離散の場合は確率、連続の場合は確率
密度、と使い分けなければならない。のではあるが、本書ではこの点にあまり
拘らず両者をともに「確率」と統一的に呼ぶことにし、$P(X = x)$ は X が離散
の場合は値 x の確率、連続の場合はその確率密度を表すこととする。正確を期

したい読者は、文脈に応じ各自補って読んでいただきたい。

2-2-2　期待値

　上述のように、確率分布は確率変数の値の関数となっている。通常、この関数の全体像は我々にはわからない（標本空間は観測したものだけでなく、およそ起こりうるすべての可能性を含んでいることを思い起こそう）。しかし依然として、こうした「真なる」分布を要約する値を考えることはできるはずだ。このようにある確率変数が持つ分布を特徴付ける値を、その**期待値**（expected value）という。

　代表的なものが、**母平均**（population mean; μ）である：

$$\mu = \sum_x x \cdot P(X = x)$$

つまり母平均は、X のそれぞれの値 x をその確率 $P(X = x)$ で重み付けて全部足すことで得られる。母平均が確率分布の「重心」を与えるのに対し、分布のバラツキは**母分散**（population variance; σ^2）によって与えられる：

$$\sigma^2 = \sum_x (x - \mu)^2 \cdot P(X = x)$$

これは言葉で説明すると、X のそれぞれの値 x の平均からのズレ $(x - \mu)^2$ をその確率 $P(X = x)$ で重み付けてからすべて足したものである。

　一般に期待値は、確率変数の値かそれに手を加えたもの（例えば母分散のように平均を引いて二乗したもの）にその確率をかけ合わせ、それをすべての値で足し合わせる（ないし積分する）ことで得られる。この作業を「期待値をとる」と言い、$\mathbb{E}$ で表す。例えば母平均は X 自身の期待値をとったものすなわち $\mathbb{E}(X)$ であり、母分散は $(X - \mu)^2$ の期待値をとったものすなわち $\mathbb{E}[(X - \mu)^2]$ である。同様の仕方で、他にも様々な期待値を考えることができる。

　一見したところ、母平均や母分散は、1 節で見た平均や標本分散などの統計量と似ている。確かにこれらは無関係ではないのだが、しかしそれらが記述す

る対象は全く異なることに注意しよう。標本平均などの統計量は、あくまで得られたデータ（標本）を要約する指標であった。一方いま我々が扱っているのは手元にある有限データではなく、それを取ってくる源としての標本空間とその上で定義された確率分布である。母平均や母分散は、いわばデータ上で定義される標本平均や標本分散などの概念を、標本空間全体に広げたものであり、よってそれが表現するのは確率モデルの世界である。我々はこの世界を観測できないので、期待値も直接に知ることはできない。それはいわば、確率モデルのすべてを見通すことができる神の視点からの眺めなのである。

2-2-3　自然の斉一性としての IID サンプリング

　以上が、「データを生み出す源」としての確率モデルの概略である。推測統計は、与えられたデータという制約を乗り越え、未観測の事象を推定するために、データの背後に何らかの構造を措定する。上で見てきた標本空間、確率関数、確率変数、確率分布、期待値などといった概念は、この措定された存在物としての確率モデルを記述するための道具立てを与える。推測統計は、このように措定された存在物の推定を通じて、帰納推論を行う。

　では、具体的にその推論はどのようになされるのか。前述したように、我々が観測するデータは、この確率モデルからの部分的な抽出（サンプリング）として理解される。それは例えば、それぞれのサンプル（例えば太郎、花子、等々）についてある確率変数（例えば身長 X）の値を確定していくことである。このとき重要なのは、そうしたサンプリングは常に同じ確率モデルからなされている、という前提である。つまりそれぞれのデータは、同一の確率分布に従っていなければならない。またこれに加えて通常、サンプリングはランダムに行わなければならないという要請がなされる。例えば背の高い人を重点的に抜き出したり、高い人と低い人を交互に選んだりしてはいけない。これは同種の確率変数の中では、それぞれのデータが互いに独立に分布していなければならない、ということを意味する（異なる確率変数、例えば身長と年齢が独立である必要はない）。この両条件が満たされるとき、確率変数は**独立同一分布**に従う（independent and identically distributed）、ないしこれを縮めて IID であるといわれる。

　IID 条件は、ヒュームが「自然の斉一性」と呼んだものの具体的な内実を与える。自然が斉一であるとは、未観測な状況においても現在と同様な状況が成立するということである。しかしヒュームは「同様な状況」とは一体何を意味するのかについて、多くを語ってはくれない。推測統計はこの空欄を埋め、ヒュームが要請した斉一性条件をより洗練された IID 条件として定式化する[7]。つまり斉一性とは確率モデルがデータ観測過程を通して同一に留まるということであり、またデータの観測が互いに影響を及ぼすことなくランダムになされるということである。これを言うためにはまず、確率モデルとは何か、そしてそれは観測データとどのように関係するのか、ということを明示化しなければならない。確率論は、このような条件を定式化するために必要な存在論的枠組みを与えるのである。

2-2-4　大数の法則と中心極限定理

　IID という斉一性条件を想定することで、我々はデータの背後にある確率モデルについての帰納推論を行うことができる。これを最も鮮明な形で示してくれるのが、伝統的に推測統計で肝心要の位置を占めてきた、大数の法則や中心極限定理などを始めとした**大標本理論**（large sample theory）である。

　まず、大数の法則から見ていこう。我々の関心は、観測されたデータから、その背後にある確率分布のあり方や、母平均や母分散などといったその期待値を推測することである。例えば全国民の平均身長を知りたいとする。しかるに我々が知りうるのは、たかだか有限個のデータから計算された統計量としての標本平均のみである。前述のように両者は異なる、のではあるが、後者をして前者の**推定量**（estimator）とすることは自然な考えであるように思われる。確かに非常に少ないサンプル数、例えば 3、4 人の身長を平均しただけでは推定はおぼつかないだろう。しかしデータを増やして、例えば数百万人の身長を測るこ

---

　[7]ただしあらゆる統計的推論が IID 条件に依存するわけではない。例えば時系列や空間構造を持ったデータなど、各サンプルが非独立であるようなケースも十分考えられる。しかしその場合でも、何らかの斉一的構造が確率モデルとして想定されなければならない。

とができたとしたら、その平均は全国平均にかなり近づくと考えられるのではないか。大数の法則は、データ数が増えれば増えるだけ観察された標本平均は母集団の真なる平均に近づくだろうというこの常識的な直感を、厳密な数学によって証明してくれる。具体的には、同一の分布に独立に従う（つまり IID な）確率変数 $X_1, X_2, \ldots, X_n$ を考える。例えば、同一の集団から取られた n 人の身長を考えれば良い。IID なのでこれらは同一の母平均 $\mathbb{E}(X_1) = \mathbb{E}(X_2) = \cdots = \mu$ を持つ。大数の法則によればこのとき標本平均 $\bar{X}_n = \sum_i^n X_i/n$ は、n が無限大に近づくにつれ母平均 μ に**確率収束**（converge in probability）する、すなわちどれほど小さい正数 ϵ を取っても、

$$\lim_{n \to \infty} P(|\bar{X}_n - \mu| \geq \epsilon) = 0$$

が成立する。ここで P の内側は、母平均 μ からの標本平均 $\bar{X}_n$ のズレが ϵ 以上となる確率を意味している。よって等式全体では、n が無限大に近づくときその確率がゼロになること、つまり標本平均と母平均は任意の精度で一致することが確実である、ということを述べている。これが、多数の観察から得られた標本平均ならおおよそ母平均に近いとみなして良いだろうと我々が考える根拠を与えてくれる。

　さて、今我々が想定しているのは $X_1, X_2, \ldots, X_n$ が IID であるということだけであり、具体的にそれがどのような確率分布を持つのかということには無頓着であった。つまり大数の法則は、もともとの分布が全く未知であったとしても、単にそれが斉一的であるという事実だけから、数をこなせばその平均 $\bar{X}_n$ の確率分布が特定の範囲、すなわち母平均の周辺に収まるということを保証してくれる。しかしわかるのはそれだけではない。実はこの平均の分布は、たった一つの形、すなわちいわゆる「釣り鐘型」をした正規分布へと近づいていくのである。これを示すのが、かの有名な**中心極限定理**（central limit theorem）である。同一の分布に独立に従う $X_1, X_2, \ldots, X_n$ の母分散が σ^2 であるとする。このとき n が無限大に近づくにつれ、標本平均の確率分布 $P(\bar{X}_n)$ は平均 μ、分散 σ^2/n の正規分布に近いものになっていく。 正規分布については、後で分布

族の概念を説明してからまた戻ってくることにしよう。とりあえず目下重要なのは、この結果が IID 条件のみから導かれるということである。大数の法則の時と同様、中心極限定理に必要なのは単にデータが斉一な IID プロセスから得られたということだけであり、それが具体的にどのような分布であるかについては何ら仮定を置いていない。それにも関わらず、そうして得られたデータを平均すると、その平均は一定の正規分布の形に近づいていく。つまり我々はサンプリングを繰り返すだけで、そのもととなる未知の確率モデルについて、何らかの推論を行うことができる。こうして中心極限定理や大数の法則は、我々には隠された真なる分布をデータから帰納的に推論するという推測統計の目論見に、理論的なお墨付きを与えてくれるのである。

2-3　統計モデル

2-3-1　統計モデルとは

　以上の議論を一旦まとめておこう。我々はまず、与えられたデータを超え出る帰納推論を行うための枠組みとして、データの背後の斉一性としての確率モデルを定義した。また関心ある性質を用いて任意の事象を表す手段として確率変数を導入し、それが一定の分布を持つことを確認した。この分布は我々にとって未知であるが、それを要約するような期待値を考えることはでき、また IID 条件を満たすサンプリングを数多く続けることでこの期待値に漸近することができるということを見た。

　ではこれで一件落着、めでたしめでたしとなるかというと、そうはいかない。大標本理論が示すのはあくまで、無限にデータを取り続ければ最終的には間違いなく分布の真なる姿に到達する、という終局的な保証である。それは例えば、同じコインを無限に投げ続けたら、表の相対的頻度は真の確率に収束する、ということを保証してくれる。しかし我々はそのような無限回の試行を行うことなど決してできない（しようとしたとしても、コインは摩耗して消滅してしまうだろう）。我々が手にできるのはたかだか有限、しかも多くのケースでは「大標

本」というには遠く及ばないような数のデータであり、よって現実的な帰納推論は、こうした限られたデータに基づいて行われなければならない。もちろんこのような推論は誤りうるものであり、大数の法則のように確率1の確実性を与えるものではないだろう。そこで重要になってくるのが、そうした制約の中にあっても帰納推論をできるだけ正確に行い、さらにその推論の確からしさや信頼性を評価する枠組みを与えることである。推測統計の本領はこのこと、すなわち有限データに基づく帰納推論の立案とその評価にこそ存する。

　この目的を果たすため、推測統計は上に紹介した確率モデルにさらなる仮定を加える。これまでの議論において、我々はただ確率モデルとIIDな確率変数のみを仮定し、それら変数が持つとされる分布の形や種類については何の仮定も置かなかった、つまり単に自然の斉一性が成立している、ということのみを想定していた。それに対し大方の推測統計は、ある一定の範囲の分布に考察対象を絞る。例えば後述するパラメトリック統計では、対象となる確率分布は特定の関数によって明示的に書き下すことができ、その形は有限個のパラメータ[8]によって決定されると想定する。これらは単に確率モデルとして何らかの斉一性が存在していると考えるだけでなく、さらにそれがどのような種類のものかについても事前に当たりをつけるという点で、より強い仮定を敷いていると言える。このように候補として絞り込まれた分布の集合を、**統計モデル**（statistical model）と呼ぶ。確率モデルと混同しがちになるが、両者の違いをしっかりと押さえておこう。確率モデルは、標本空間とその上の代数、確率関数、確率変数、確率分布などによって表される、データの背後に存在すると仮定された世界の真なるあり方（を確率の用語でモデル化したもの）である。一方、統計モデルは、そのように存在が仮定された確率分布について我々が立てる仮説であり、言ってしまえば仮構である。実際の確率分布は非常に複雑で、有限個のパ

---

[8]日本語では、このパラメータ（parameter）は**母数**と訳されることが多い。しかし本書ではこの訳を採用せず、「パラメータ」と呼ぶことにする。理由としては、「母数」はしばしば、母平均や母分散など母集団を要約する期待値の意味で用いられることもあるからだ。後述するように、そのような意味での母数＝期待値は（我々には未知だが）実在する確率モデルの特徴として想定される。一方で分布族のparameterはあくまで仮説・仮構としての統計モデルを特定するものである。もちろん、分布族の仮定が正しければ両者は一致するのだが、その場合でも依然として概念的には区別される。

ラメータによって明示的に記述できるようなものではないかもしれない。それにも関わらず、我々は当座の目的のため、それらが特定の関数型を持つということを仮定し、この仮定の上で推論を行うのである。

　このように書くと、賢明な読者は次のように思われるかもしれない。そんなこと言ったって、自然の斉一性としての確率モデルだって、しょせん経験的には証明できない仮定ではないか。だとすれば確率モデルにせよ統計モデルにせよ、結局すべては我々の仮構であって、両者の間に区別などないのではないか——確かに、事実か仮定かという二択では、両者ともに仮定である。しかし両者は「どのようなものとして仮定されているのか」という点において異なるのである。確率モデルすなわち自然の斉一性は、我々にとって真なるものとして仮定されている。つまりそれが無かったとしたら帰納推論が不可能になるという意味で、我々はその仮定が正しい、つまり何らかの斉一性が存在していると想定せざるをえない。これに対し、統計モデルはそうではない。むしろ多くの統計学者は、統計モデル（のうちのどれか）が世界を真に余すところなく記述している、とは考えない。ただ期待されているのは、それが帰納推論という我々の目的に資する限りにおいて本当の確率分布の適切な近似（すなわち「モデル」）になっている、ということのみである。つまり統計モデルは実在の真なるあり方としてではなく、それを近似する一種の道具として想定されているのである。「すべてのモデルは偽であるが、そのうちいくつかは役に立つ（all models are wrong, some are useful）」という統計学者ジョージ・ボックスによる有名な箴言は、こうした統計モデルの道具的なあり方を的確に表したものだ。一方で、確率モデルが存在する、ということ自体は偽であっては困る。というのも我々はその場合、再びヒュームの懐疑論に絡め取られて、帰納推論のための一切の根拠を失うことになってしまうからだ[9]。

---

[9] 科学哲学に詳しい読者であれば、ここでの議論はナンシー・カートライトなどに代表される**対象実在論**（entity realism）を彷彿させるかもしれない。対象実在論によれば、電子やクォークなどの物理的対象自体は存在するとされる一方、その性質や振る舞いに関する基本法則は理想化・単純化されたものであり、その意味において厳密には偽（カートライトの言葉を借りれば「嘘」）である（Cartwright, 1983; 戸田山, 2005）。同様の仕方で、自然の斉一的な対象としての確率モデルは実在するが、その分布を理想化・単純化された形で表現した統計モデルは「嘘」を含む、ということができるだろう。

2-3-2　パラメトリック統計と分布族

　統計モデルの立て方には大きく分けて二つの種類がある。ノンパラメトリック統計と呼ばれる手法では、対象となる分布のあり方について、その具体的な関数型を定めることなく、連続性や微分可能性など非常に一般的で緩い仮定だけを立てる。一方先に少し触れたパラメトリック統計はさらに踏み込んで、分布が大まかにどのような形をしているのかまでを具体的な関数型によって特定する。この分布の形の種類を**分布族**（family of distributions）と呼ぶ。いったん分布族を決めてしまえば、後は対応する関数が持つパラメータを指定するだけで、分布が一意的に定まる。両者を比較すると、より強い仮定を敷くパラメトリック統計の方が現実を歪めてしまうリスクが高いが、適切に分布族を定めることさえできればより詳細で効果的な推論が可能になる。どのような分布族が想定できるかは、関心ある問題と確率変数の性質に応じて決まってくる。以下ではパラメトリック統計に焦点を絞り、代表的な分布族を少しだけ紹介しよう（図 1.3 も参照）。

■**一様分布**

　ある確率変数 X が取りうる値 $x_1, x_2, \ldots$ にすべて同じ確率を割り当てる分布を一様分布（uniform distribution）と呼ぶ。例えば公正なサイコロのそれぞれの目が出る確率は $P(X = x) = 1/6$ の一様分布である。また X が α から β までの連続値を取る場合、その一様分布は

$$P(X = x) = \frac{1}{\beta - \alpha}$$

となり、その形はパラメータ α, β から一律に決まる。なお分布族のパラメータは、変数と区別するためにギリシア文字で表されることが一般的であり、本書もそれを踏襲する。

■**ベルヌーイ分布**

　コインを 1 回投げる結果を確率変数 X で表し、裏を $X = 0$、表を $X = 1$ とす

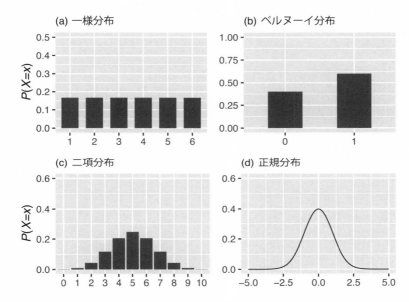

図 1.3　分布の例。横軸は確率変数 X の値、縦軸はその確率を表す。(a) 1 から 6 までのサイコロの目に同じ確率を割り当てる一様分布。(b) $\theta = 0.6$ としたベルヌーイ分布。(c) $\theta = 0.5, n = 10$ とした二項分布。(d) $\mu = 0, \sigma^2 = 1$ の正規分布。

る。表が出る確率が $P(X = 1) = \theta$ だとすると、X の分布は次の式で表せる：

$$P(X = x) = \theta^x (1 - \theta)^{1-x}$$

x は 0 か 1 であり、上式は x が 0（裏）のとき $1 - \theta$、1（表）のとき θ となることを確認せよ。このとき X はベルヌーイ分布（Bernoulli distribution）に従うという。ベルヌーイ分布の平均は θ、分散は $\theta(1 - \theta)$ であり、つまりパラメータ θ だけで決定される。

■二項分布

　次に同じコインを 1 回でなく、複数回、例えば 10 回連続して投げ、表が出た回数を記録する実験を考える。そして X を 10 回の試行のうち表が出た回数とする。さて、X の分布はどのようなものだろうか。つまり、10 回投げて 1 回も

表が出ない確率、1回だけ表が出る確率、2回出る確率…はそれぞれどれくらいだろうか。まず、$X = 0$ つまり表が1回も出ない確率は、

$$(\text{表が出る確率})^0(\text{裏が出る確率})^{10} = \theta^0(1-\theta)^{10} = (1-\theta)^{10}$$

である。次に $X = 1$ を考える。例えば1回目だけが表だった場合の確率は

$$(\text{表が出る確率})^1(\text{裏が出る確率})^9 = \theta^1(1-\theta)^9 = \theta(1-\theta)^9$$

である。これは2回目、3回目、…10回目だけが表である確率と同じだから、「10回中1回だけ表が出る」確率は上の確率を全10ケース分合わせることで得られる。一般に $X = x$ の場合は、10から x 個のものを選ぶ場合の数が $_{10}\mathrm{C}_x = \frac{10!}{x!(10-x)!}$ となることを考慮して、

$$P(X = x) = {}_{10}\mathrm{C}_x \theta^x (1-\theta)^{10-x}$$

さらに上式の10を n で置き換えれば、n 回のコイン投げで表が x 回出る確率が与えられる。

こうして得られる分布を二項分布（binomial distribution）という。X が二項分布に従うとき、その平均は $n\theta$、分散は $n\theta(1-\theta)$ となることが知られている。つまり二項分布は個々の試行の確率 θ と試行の回数 n によって決まる。

■正規分布

すでに2-2-4節でも登場した正規分布（normal distribution）は、おそらく最も有名な分布族だろう。これはベルヌーイや二項分布とは異なり連続確率変数についての分布であり、平均 μ と分散 σ^2 の二つのパラメータを持つ次のような式で表される：

$$P(X = x) = \frac{1}{\sqrt{2\pi\sigma^2}} \exp\left\{-\frac{(x-\mu)^2}{2\sigma^2}\right\}$$

一見しただけではわかりにくいかもしれないが、これをプロットすると平均を中心とした左右対称の釣り鐘型のカーブになる。

　我々は上で、複数回コインを投げて表が出る回数の確率が二項分布によって表されることをみた。しかしその試行回数 n をどんどん大きくすると、分布はこの正規分布に近づく。これは上で紹介した、中心極限定理の例示になっている。実際のところ二項分布はベルヌーイ試行の繰り返しの和の分布に過ぎないのだから、その繰り返しが増えるに従いそれは漸近的に正規分布に近づいていくのである。上の例では元となる分布はベルヌーイ分布であったが、上述した通り、中心極限定理によれば原則としてそれがどのような分布であっても同じような結果が得られる。ここから、多くの似たような要因の足し合わせで決まるような性質は正規分布に従うと期待される。例えば身長や体重など、数多くの遺伝子や環境要因の重ね合わせで決まる生物学的形質の多くは、概略正規分布に従っている。こうした理由から、正規分布は非常に一般的であり、重要な役割を統計学において担っている。

■多変量正規分布

　最後に、二変数同時確率分布の例も一つだけ見ておこう。X, Y が共に正規分布に従うとき、その同時確率分布は以下の多変量正規分布（multivariate normal distribution）となる：

$$P(X = x, Y = y) = \frac{1}{2\pi\sigma_X\sigma_Y\sqrt{1-\rho^2}}\exp\left\{-\frac{1}{2(1-\rho^2)}\right.$$
$$\left.\left(\frac{(x-\mu_X)^2}{\sigma_X^2} + \frac{(y-\mu_Y)^2}{\sigma_Y^2} - \frac{2\rho(x-\mu_X)(y-\mu_Y)}{\sigma_X\sigma_Y}\right)\right\}$$

若干オソロシイ見た目だが細部を気にする必要はない。重要なのは、右辺がちゃんと x と y の関数になっているということを見てとることだ。この分布のパラメータは五つ、X の平均 μ_X と分散 σ_X^2、Y の平均 μ_Y と分散 σ_Y^2、そして X, Y の母相関係数 ρ である。この五つのパラメータが、関数の形を決めている——つまり確率値が x, y の値にどう依存するのかを決めている。

　すでに見たように平均、分散は X, Y それぞれの中心とバラツキを表す。一方、母相関係数 ρ は X, Y が互いにどの程度相関しているのかを -1 から 1 の

範囲で示す。我々は記述統計のところで相関係数を見たが、それは観測された
データの間の関連を測るものであった。母相関係数はその確率分布版であって、
未観測のものも含む母集団全体における相関を表す。つまりそれは（パラメー
タ全般について言えることだが）データの背後にある母集団が持つ性質として
想定されたものなのであって、直接データに現れるものではない。この点を混
同しないように注意しよう。

　以上で紹介したのは、ほんの一握りの例に過ぎない。他にも代表的な分布族
として、ポワソン分布、指数分布、カイ二乗分布、t 分布、ベータ分布など多数
のものがある。これらについては、手近な統計学の教科書を参照されたい。

　上のように分布族を仮定することは、統計推論上大きな利点がある。推測統
計における推論とは、まずもってデータの背後にある確率分布の推定であるが、
それが特定の分布族に従うと仮定できるのであれば、その推定は有限個のパラ
メータの推定に帰着できることになる。例えば身長が正規分布に従っていると
仮定できるのであれば、我々はその平均と分散を推定するだけで、確率分布の
全容を決定することができる（一方、分布が単に連続で滑らかであるとしか仮
定できないのであれば、その全容の把握には無限個のパラメータ推定が必要に
なる）。ここからパラメトリック統計においては、あらゆる統計的仮説を分布の
持つパラメータについての仮説であると捉え、このパラメータ仮説をデータか
ら推論することによって帰納問題にアプローチすることができるようになる。

　もう一つの重要な利点は、分布を上のように関数として書き下すことによっ
て、様々なパラメータ仮説のもとでのデータが得られる確率、すなわち**尤度**
（likelihood）を計算できるということだ。例えばもし身長が正規分布に従うの
であれば、ある人の身長が 145 cm から 150 cm の間に収まる確率は、上の正規
分布関数に特定の平均と分散の値を代入してやれば求まる。我々は次章以下に
おいて、この尤度の概念が、ベイズ統計、仮説検定、モデル選択、機械学習な
ど、統計的推論全般において中心的な役割を果たすことを見るだろう。

2-4　推測統計の世界観と「確率種」

　以上、若干駆け足で推測統計の理論枠組みを概観してきた。これらの道具立ては、推測統計の存在論的基盤を与える。つまりそれは、我々が統計を用いて帰納推論するにあたり、どのような存在物を措定し、またそれをどのように記述すればよいのかを教えてくれる。ではなぜ、存在論を確率論という数理的な枠組みで表す必要があるのか？　それはそのようにすることによって、どれだけの存在論的仮定のもとでどのような帰納推論が可能になるかを、厳密に示すことができるからである。帰納推論を保証する最低条件は、自然の斉一性としての確率モデルの想定であり、これによって枚挙的帰納法[10]が最終的に正しい結論に達することが保証される（大数の法則）。しかしより現実的に、有限サンプルでの帰納推論とその精度を見積もりたいのであれば、対象とする確率分布に一定の制約を加えなければならない（統計モデル）。さらに踏み込んで、少ないサンプルでより効率的に予測や推論を行いたいのであれば、具体的にどのような規則性／斉一性が成立しているのか、その種類を分布族として特定してやる必要がある（パラメトリック統計）。このように、より強い存在論的前提を立てるほど、より幅広く効果的な帰納推論が可能になっていく、そのことを数理統計の枠組みは教えてくれるのである。

　ヒューム以来、伝統的に哲学者は、これらの想定のうち最も一般的なもの、すなわち自然の斉一性の可否についてもっぱら議論してきた。しかし統計学者がこの帰納推論の大前提を疑うことはあまりない。むしろ多くの場合に問題になるのは、それらの斉一性がどのような性質のものであるのか、すなわち分布族の仮定である。どのような規則性／斉一性が想定できるかは、当然、扱われる問題と対象によって決まってくる。しかし重要なのは、素材が異なっても、似たような規則性が想定できる場面が世の中にはたくさんあるということだ。例えばコインを投げて試合の先攻後攻を決める試行と、下駄をほうり投げて天気を

---

[10]観察を繰り返すことによって一般命題を確証する方法。例えば黒いカラスを何回も観察することで、「すべてのカラスは黒い」と結論するのは、枚挙的帰納法に基づく推論である。

占う試行を考えると、両者は全く物理的に異なる対象を扱っているのにも関わらず、その斉一性はともにベルヌーイ分布によって表すことができる（おそらくパラメータは異なるだろうが）。いやむしろ、ベルヌーイ分布というレンズを通すことによって、帰納推論という文脈においては両者を同じ種類の**モノ**として扱うことができるようになる、と言うべきだろう。一方で同じ投げるという試行でも、サイコロを投げた場合では異なった分布族を想定する必要が出てくる。つまりそれはコイン投げとは**別モノ**なのである。同様に、二項分布や正規分布、またそれ以外の様々な分布族も、それぞれ異なった斉一性の類型を表現していると考えられる。つまり、世の中には多種多様な規則性／斉一性があると想定されるが、分布族はそれらを決まった型に類別することで、どれとどの帰納問題が同じで、どれが異なっているのか、ということを明らかにする。パラメトリック統計では、特定の帰納問題に出くわしたとき（例えば明日の天気を予測したいとき）、その問題と合致するような斉一性の型すなわち分布族を探し出し、それを当てはめることで、推論を行うのである。

　我々は通常、それがどのような意味であれ、世界を「ありのまま」に認識することはない。むしろ世界は常に、特定の単位に区分された状態で我々に現れてくる。例えば今私の目の前には机があり、パソコンがあり、その奥には本棚がある。外に目をやれば時計台があり、そこには一羽のカラスが羽を休ませている。つまり私は世界を机やパソコン、本棚、時計台、カラスなどから成り立つものとして認識しているのである。世界から切り出されたこれらの事物はそれぞれ固有の性質を持っていて、その性質に基づいて私は推論を行うことができる。例えば机は頑丈だから、本棚の上の段にある本をとるときの踏み台として使えるだろう（でもパソコンはそうではない）。時間の経過を知りたかったら時計を見ればよいだろう（カラスではなく）、などなど。このように、世界に存在していると我々が想定し、それに基づいて思考や推論を行うような離散的な単位を、哲学者は**自然種**（natural kind）と呼ぶ。自然種は、日常的推論のみならず、科学的思考の土台にもなっている。例えば化学者は、様々な物質を炭素や金、アルゴンなどといった化学種に分類して、それらの元素が持つ諸特性から

化学反応を説明する。生物学者は、生物をそれぞれ異なった種（species）に分類し、それぞれの種に特有な生態や特性、遺伝的機構などを明らかにする。これら化学元素や生物種は、それぞれ化学、生物における自然種を構成している[11]。

　これは次の二つのことを含意している。まず、各学問分野が探究すべき「世界」は、当該分野における自然種によって構成される、あるいは、そのようなものとして把握される、ということ。化学者にとっての「世界」とは様々な元素が織りなす化学反応の総体であろうし、生物学者にとっては多様な生物種が暮らす王国だろう。次に、世界の分節化の仕方は文脈によって異なりうるということ。私とあなたでは元素の構成や割合、量が異なっているだろうから、化学的な観点から見たら別物だろう。しかし生物学的に見たら、両者はともにホモ・サピエンスという同種のメンバー、つまり「同じモノ」である。これは必ずしも、生物学が大雑把であいまいであるのに対し、化学はより詳細かつ精確に世界を記述する、というわけではない。というのも、細かい差異を捨象することによって可能になる推論もあるからだ。例えば、臨床治験をパスした認可薬を私が安心して飲むのは、治験参加者も私も同じ人間である（だから薬効や副作用も同様であろう）と私が考えているからだ。すべての人は分子レベルで見たらみな違うのだから共通性など何もない、などと考えていては、ヒトに関する一般的な知見は望むべくもない。このように自然種は、世界を分節化するのみならず、何が同じで、何が違うかという基準（気取った言い方をすれば、存在論的同一性の基準）も与えることで、各科学分野における推論や説明を担保しているのである。

　さて、以上の議論から示唆されること、それは分布族は統計学において自然種の役割を果たす、ということである。本書ではこれを**確率種**と呼ぼう。化学者が元素を措定することで種々の化学反応を説明するように、統計学者はデータの背後に確率種を措定することでデータの規則性を説明する。元素が原子量や電子配置などによって同定されるように、確率種は分布族とそのパラメータによっ

---

[11] しかしながら、生物種を自然種としてみなすことには懐疑的な意見も存在する。詳しくは植原 (2013) を参照。

て特徴付けられる。そして化学者が様々な物質を構成元素へと区分するように、統計学者は種々の帰納問題を特定の確率種に還元することで推論を行う。唯一異なるのは、化学種が特定の物理的な基盤によって決定されるのに対し、確率種は必ずしもそうではない、ということだ。上で見たように、どのような分布族を適用すべきかは、対象がどのような素材からできているかにはあまり関係がなく、むしろ問題のコンテキストや構成に関わっている。つまり哲学的なジャーゴンを使うならば、確率種は物理的構成にはスーパーヴィーン（supervene）しない[12]。例えば先程我々はコイン投げをベルヌーイ分布でモデル化した。それはコインは必ず表か裏で着地すると想定し、縁で立つというような可能性は無視したからだ。もし後者の可能性を勘案するなら、三つの値を持つ多項分布を用いるべきだろう。このように、どのような統計モデルを用いるかは単に対象の物理的構成だけからは定まらず、我々がそれをどのようにモデル化するかという関心にも依存している。しかしだからといってそれは、確率種が自然種であることを何ら妨げはしない。上で見たように、異なった科学は異なった仕方で世界を分節化するのである。重要なことは、確率種が推測統計の基本的なビルディングブロックであり、統計学者はこれをもとに帰納問題を定式化し、未来を予測する、ということだ。上ではそうした確率種の例としてベルヌーイ、二項分布、正規分布などを紹介したが、もちろんこれは数ある分布族の中のほんの一握りに過ぎない。図 1.4 は、種々の確率分布とその間の関係性をまとめたものである (Leemis and McQueston, 2008)。一見して途方にくれるかもしれないが、しかしこれらも統計学者が多種多様な帰納問題の本質を捉えようとした成果をまとめた「周期表」のようなものだと思えば、いくぶんかは納得できるのではないだろうか。仮に周期表が数個の原子しか含んでいなかったとしたら、化学はたいそう不完全で不自由なものだっただろう。同じように、もし二項分布と正規分布しかなかったら、統計学の勉強はずいぶん楽になったかもしれないが、しかし学問としてはあまり応用性のない、貧相なものになってしまった

---

[12] ある物の性質がその構成要素の性質によって完全に決定されるとき、前者は後者にスーパーヴィーンするといわれる。例えば色は光の波長に、気体の温度は構成分子の平均運動エネルギーにスーパーヴィーンする。

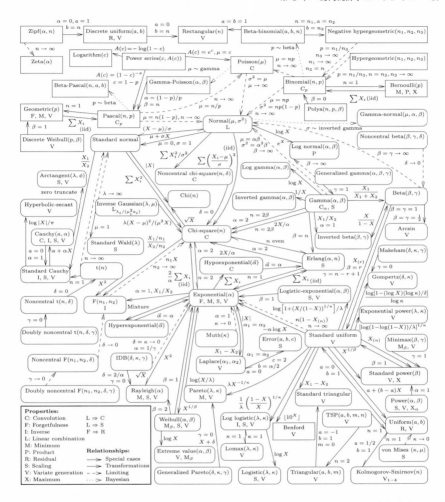

図 1.4　様々な確率分布 (Leemis and McQueston, 2008, より引用)。目を凝らすと右上にかけて本文で見た三つの分布も含まれているのがわかる。

に違いない。

　以上をまとめると、次のようになる。推測統計では、帰納推論を行うために、データの背後の斉一的な構造すなわち確率モデルを仮定することで、データと

モデルからなる二元論的存在論を採用する。斉一性は確率モデルとして定式化
され、さらにパラメトリック統計ではそれぞれ固有の関数型（分布族）を持つ
確率種へと類別される。化学者が化学反応を元素によって説明するように、統
計学者は多種多様な帰納問題をそれぞれふさわしい確率種へと帰着させること
で理解する。

　世界は自然種によって分節化されていて、科学はそうした種の同定を通じて
推論・説明を行う、というこの考え方は一見極めて常識的で、人によってはむ
しろ陳腐で退屈な説に映るかもしれない。しかし実はこの主張、経験論的な哲
学、とりわけ前節で見た実証主義とは非常に折り合いが悪い。なぜなら自然種
の存在を信じることは、個々の現象、例えば具体的な金の現れを超えた「金そ
のもの」を仮定し、そうした一種イデア的な仮定から個々の現象を理解しよう
としているように思われるからだ。ここでは自然種をめぐる種々の哲学的議論
には立ち入らないが[13]、実証主義の旗手であったマッハやピアソンが「非科学
的」として排斥しようとしていたのは、まさにこのように現象の背後に存在物
を認める実在論的な考え方であったということを思い起こしてほしい。

　経験主義者が自然種を嫌うのも、決して理由のないことではない。実在論は
データの背後の自然種を想定することで、経験主義（や実証主義）よりも多く
の存在物を仮定する。しかし仮定しっぱなしで話がすむわけではもちろんない。
実在論者は、このように仮定された「隠された存在」を、どのように経験から
推論するか、その認識論的手段を提供しなければならない。つまり、与えられ
た帰納問題に対し、どのような分布族を適用すべきかを推定、検証し、さらに
そのパラメータを推定するような方法が示されねばならない。推測統計の本分
は、このように得られたデータからその背後にある確率モデルを推論するため
の**認識論**にある。この推論の仕方、接近の仕方には様々な流儀があって、それ
がベイズ統計、古典統計、モデル選択などといった種々の立場の違いとなって

---

　[13]特に議論されてきたのは、自然種とは世界の側に確として存在する実在なのか、あるいは科学理論ととも
に構築される理論的措定物なのかという、中世の「普遍論争」以来繰り返されてきた問いである。本書では後者
に近い解釈をとるが、この議論には深入りしない。関心ある向きは、植原 (2013); 戸田山 (2015) などを参照
してほしい。

現れてくる。次章以下では、これら三つの立場について、特にその認識論的な
側面に留意しながらより詳しく見ていこう。

読書案内
統計学の基礎については様々な教科書があるが、手頃な概観は田栗ほか (2007)、また思想的な背
景にも重点が置かれているものとしては三中 (2015, 2018) が初学者にも親切で、また巻末のブッ
クガイドも参考になる。本章で示した図 1.4 も三中本からの孫引きである。確率モデルの集合論
的基礎についてはあまり初等統計学の本で詳述されることがないが、小針 (1973) はユーモアに富
み説明もわかりやすい。統計学の歴史については、Hacking (1990, 2006); Salsburg (2001) など
が邦訳で読める。ただサルツブルグ本の史実性については批判 (Porter, 2001) もあるということ
は念頭に置いておくべきかもしれない。またやや統計学の専門知識が要求されるが、本邦統計学
者の手になる竹内 (2018) もある。本章で出てきた実証主義や実在論については戸田山 (2015);
伊勢田 (2018)、自然種に関しては植原 (2013) などが日本語で読めるまとまった文献である。

第2章

ベイズ統計

　前章では推測統計の理論的な土台である確率モデルを概観した。確率モデルとはデータの背後にあると想定される「自然の斉一性」を確率論の言葉で表現したものであり、帰納推論を行うための前提条件を与える。統計的推論は、このように仮定された確率モデルのあり様について仮説（統計モデル）を立て、与えられたデータをもとにそれらの仮説を評価、判定することを通じて帰納推論を行う。では、そうした推論は具体的にどのように行われるのだろうか。すでに予告したように、推測統計の方法にはベイズ統計、古典統計、モデル選択など様々な流派が存在し、流派ごとに「推論」の意味合いと内実は異なってくる。例えばベイズ統計では、各仮説の確からしさを確率で表し、それをデータに基づきアップデートしていく。他方古典的な検定理論では、特定の仮説の真偽についてデータに照らし合わせて白黒つけることを主眼とする。本章ではまずベイズ統計の基本的な考え方と、その哲学的な含意を見ていこう。

1　ベイズ統計の意味論

　上述したように、ベイズ統計では与えられたデータに基づき、仮説の確からしさを逐一更新することで帰納推論を行う。しかしその前にやっておかなければならないことがある。それは、前章で導入した確率モデルの数学的道具立てを、現実の帰納推論の文脈で具体的に解釈すること、すなわち、そもそも確率とは一体何であるのかを明らかにしておくことである。確率モデルも統計モデル

も、あくまで我々が立てる仮構であり、さらに言えば集合論の枠内で定義される数学的存在である。このようにモデルを立てることにより、例えばある確率分布の性質や関係性を数学的に導出したり探究したりすることができる。しかしその結果を現実の問題に当てはめるためには、これらのモデル的性質を解釈し、それが現実世界の何を表現しているのかを明らかにしておかねばならない。これはモデルを用いる科学的探究全般に共通する作業である。例えばもし天文学者が微分方程式モデルで惑星の軌道を予測したり、分子生物学者がらせんモデルで遺伝の仕組みを説明しようとしたりするならば、それらのモデルを構成する各要素が対象の何に対応し、何を表現しているのかを明らかにせねばならない。これと同様のことが、確率モデルに対しても求められる。上で我々は、確率を標本空間上の事象、すなわちその部分集合の「大きさ」を 0 から 1 までの数で測る関数であると定義した。しかし一体、これらの数字で測られる事象の大きさとは何を意味しているのだろうか？ すぐに考えられる答えは、確率は事象の「起こりやすさ」を測っているというものだろう。しかしこれでは不十分である。というのもまず、標本空間上の事象とは定義上単なる集合、すなわちそれ自身としては数学的対象に他ならないことを思い起こせば、そうした数学的対象が「起こりやすい」とか「起こりにくい」とか言うことはナンセンスであるように思える。またこの点を無視しても、そもそも「起こりやすい」とは何か、という問題が残る。それは事象の客観的性質なのだろうか。だとしたらそれはどのような意味か。またもし主観的性質なのだったら、誰にとっての起こりやすさで、またそれはどう決まるのか。

このように、前章で定めた数学的な道具立てが実際の帰納推論にどのように関わるのかを理解するためには、まずもってそれらが一体何を意味しているのか、すなわち確率の**意味論**（semantics）を明らかにしておく必要がある。そしてまさにこの点において、最初の哲学的対立が現れ出てくる。前章で紹介した確率論的な存在論は、推測統計を用いる誰もが共有する（しなければならない）普遍的な前提である。しかしその意味論、すなわちそれらの数学的措定物が現実世界の何を表現するかをめぐっては異なる解釈が存在し、これがベイズ統計

と古典統計という、帰納推論に対する二つの認識論的アプローチの土台となっている。一般的に前者は確率を信念の度合いを示す主観的な指標として解釈し、後者は物事の起こる客観的な頻度として解釈することが多い。このため、ベイズ統計は主観主義、古典統計は頻度主義としばしば呼ばれる。これは一面において正しいのだが、一方で誤解を招く表現でもある。というのも、確率とは何でありそれがどのように解釈されるべきかというのはあくまで意味論的な問いであるのに対し、ベイズ統計と古典統計との間の対立は、どのように帰納推論を行うべきかという認識論的な相違に存するからだ。両者は論理的には別々の問いであり、例えば古典統計における確率を主観主義的に解釈すること自体には矛盾はない。しかしそうは言っても、意味論（主観／客観）と認識論（ベイズ／古典）との間に強い結びつきがあるのもまた確かである。そこで以下本書でも、まずベイズ統計の意味論として主観解釈、そして次章では古典統計の意味論として頻度説を紹介することにするが、それと同時に、意味論と認識論という二つの次元の相違をしっかりと意識しておくことが重要である。

　以上を踏まえた上で、確率の主観的解釈を見ていこう。そのためにはまず、もととなる標本空間の意味付けから始めなければならない。ベイズ主義者にとって標本空間は、様々な種類の命題（proposition）からなる。例えばサイコロを1回振る試行における標本空間 $\Omega = \{1, 2, \ldots, 6\}$ であれば、その要素はそれぞれ「1が出る」、「2が出る」、…「6が出る」といった命題に対応する。これらの原子命題を記号 $A_1, A_2, \ldots, A_6$ で表すことにしよう。事象は、原子命題に論理記号を付け加えることで形成される。例えばサイコロを振って偶数が出るという事象は「2が出る、または4が出る、または6が出る」（$A_2 \vee A_4 \vee A_6$）という複合命題である。また1以外が出るという事象は $\neg A_1$ で表される。ただ前章でも述べたように、どのようなものが事象として認められるかにはルールがあるのだった。これを命題論理の枠組みで解釈し直すと、

R1　矛盾[1] $\perp$ は事象である。

___
[1] ちなみに矛盾とは、例えば「今日は月曜日であり、かつ月曜日ではない」のように、どのような状況でも決

R2 ある命題 A が事象なのであれば、その否定 $\neg A$ も事象である。

R3 複数の命題 $A_1, A_2, \ldots$ が事象ならば、その選言 $A_1 \vee A_2 \vee \ldots$（A_1 または A_2 または $\cdots$）もまた事象である。

つまり事象として認められる複合命題の集合は否定と選言に関して（したがって連言「かつ」に関しても）閉じている。R1 と 2 から論理的真理（トートロジー）$\top$ も同じく事象と認められることがわかり、これは全事象（Ω 自身）に対応する。これらの性質を満たす命題の集合はブール代数と呼ばれる。つまり、確率の主観解釈における確率モデルの「代数」とは、ブール代数である。

確率関数は、こうした代数上の任意の事象／複合命題に対し 0 から 1 までの値を割り振る関数ということになる。主観解釈において、この関数によって与えられる数値は、帰納推論を行おうとしている人が当該の命題に関して有する**信念の度合い**（degree of belief）と解釈される。詳しくは後述するが、ここでは簡単に、ある人の信念の度合いとはその人が当該の命題をどの程度正しいと考えているかを示すものとしておこう。この解釈で確率の公理をそれぞれ見ていくと：

A1 任意の命題 A について、$0 \leq P(A) \leq 1$

A2 $P(\top) = 1$

A3 複数の命題 $A_1, \ldots, A_n$ が互いに相容れない、すなわち $1 \leq i < j \leq n$ に対し $A_i \wedge A_j \iff \bot$ ならば、

$$P(A_1 \vee A_2 \vee \ldots) = P(A_1) + P(A_2) + \ldots$$

となる。公理 1 は、信念の度合いは 0 から 1 の間に収まるということを述べている。公理 2 は、論理的真理は確実に成立すると考えられているということを述べている。そして公理 3 は、もし複数の命題が互いに矛盾するならば、それらのうち少なくとも一つが真である可能性についての信念の度合いは、各命題

して真にはならないような命題を指す。

の信念の度合いの和となるということを述べている[2]。このように確率の公理は、帰納推論を行う主体が任意の命題をどの程度信じるかを決めるときに満たさなければならないルールを定めたものと解釈することができる。

　しかしながら、この「帰納推論を行う主体」とは誰なのだろうか。つまり確率とは誰の信念の度合いなのか。それは推論を行おうとしている特定の個人、例えば私やあなたなのか。それとも同じ問題や仮説に取り組んでいる科学者共同体や政策決定機関などの集団なのか。はたまた、現実には必ずしも存在するとは限らない、理想的な認識者を指しているのか。さしあたってここでは、そのどれであっても良い、としておこう。おそらく、同じ命題に対する信念の度合いは、人によって大きく異なるだろう。私は地球外知的生命体はきっといると信じているが、あなたはそうでないかもしれない。NASA や SETI の科学者集団だったら、また違った見解を持つかもしれない。それぞれの認識者の数だけ、異なった確率の割り当て方、つまり異なった確率関数 P がありうる。さしあたってここでは、どの確率関数が正しいか、といったことは問題にしない。実際、あなたが「月はブルーチーズでできている」というような突拍子もない命題を強く信じていたって構わない。確率の公理は、信念の度合いというものに対して非常に一般的な規制（例えば矛盾した命題の信念の度合いはゼロになる、など）を課すのみであって、具体的な命題をどれほど信じている、あるいは信じていないかということは全く意に介さないのである。

　ではそうだとして、この信念の度合いはどうやって測るのだろうか。また、それがなぜ上の公理に従わなければならないのだろうか。これらは確率の哲学の主題としてよく論じられるテーマであるが、これについてはすでに優れた解説書 (Gillies, 2000; Childers, 2013; Rowbottom, 2015) があるので、ここでは深入りせず、簡単にふれるだけに留めたい。まず、信念の度合いを測る一般的な方法として「公正な賭け金」に訴えるものがある。任意の命題 A について、「もし A だったら 1 万円もらえるが、A でなかったら何ももらえない」というくじ

---

[2] いまここで命題の数は有限だと仮定した。命題が可算無限個ある場合の議論については、Gillies (2000, 4 章 3 節) を参照。

があるとしよう。このくじの適正な値段はいくらくらいだろうか。ここで「適正」とは、その値段だったら、あなたはそのくじを買うことにも売ることにも同意できる、ということである。つまり、あなたがそれに 6 千円の値段をつけたとして、もし私があなたにそのくじを売りたいと言ったらあなたはそれを 6 千円で買わなければならないし（その場合に A が真ならあなたは 1 万円を私からもらえる）、逆に私が買いたいと言ったら同じ値段で私に売らなければならない（その場合に A が真なら今度はあなたが私に 1 万円を払わなければならない）。さて、このように約束したとき、このくじの適正価格はどれくらいだろうか。もちろんそれは、あなたが A をどれくらい強く信じているかによるだろう（他にも、そもそもあなたが賭けごとが好きかどうかとか、1 万円というオファーをどれくらい魅力的に感じるかとかいった要素も影響してくるだろうが、ここではそれは考えないことにする）。例えばこれがもし「来年の正月は雨が降るか、雨が降らないかどちらかである」というような論理的真理であれば、1 万円まで払ったとしても問題はない、と思うのではないだろうか。一方、A が「来年の正月には雨が降る」という命題だとしたら、そこまで大枚をはたく気にはなれないかもしれない。さらにそれが「来年のお盆には雪が降る」のような命題だったら、くじの価値はほとんどないと思うのではないだろうか。確率の主観解釈者は、このようにある人が特定の命題についての賭けに感じる価値はその命題に対するその人の信念の強さを反映しているので、配当金に対する賭け金の割合を用いることで任意の信念に確率値を割り当てることができる、と主張する。例えば、もしあなたが事象 A が成立したら 1 万円が支払われるくじの適正価格が 3 千円だと考えるならば、あなたが A に割り当てる確率値は 0.3 ということになる。

　このように信念の度合いを定めると、なぜその度合いが上の確率の公理に従わなければならないのかも明らかになる。再び、A は「来年の正月には雨が降る」という命題だとしよう。その否定 $\neg A$ は「来年の正月には雨が降らない」を表す。ここで仮にあなたが、$A, \neg A$ にそれぞれ 0.6 の確率を割り当てたとしよう。これはつまり、あなたが A であるときに 1 万円もらえるくじと $\neg A$ で

あるときに1万円もらえるくじをそれぞれ6千円で売り買いすることに同意する、ということだ。だから私はあなたに合計1万2千円でその二つのくじを売りつける。当然、来年の正月は雨が降るか降らないかどちらかなので、払い戻し金額は1万円である。よってあなたは2千円確実に損をし、私はその分を巻き上げることができる。逆にあなたが、$A, \neg A$ にそれぞれ0.4の確率を割り当てたとする。そこで今度は私は合計8千円で両方のくじを買うことにする。するとどちらかは必ずあたるので、私は1万円を受け取り、あなたは同様に2千円損することになる。このように、確実に付け込まれて損をするような賭けを「ダッチブック」と呼ぶ。上の事例で、ダッチブックされないような賭け金は、$P(A) + P(\neg A) = 1$ であるときに限られる。よって以上は、確率の第二の公理に反し、論理的真理（$A \vee \neg A$ ）に1以外の確率を割り当てると確実に損をする、ということの例示になっている。

　第二公理以外の公理に反するように確率を割り当てたときも同様にダッチブックが構成できることも、容易に示すことができる。さて、このように「ダッチブックされる」、つまり確実に負けるような賭け金に合意するような人は、確かに非合理的と呼べそうである。よって我々は合理的な認識主体であろうとする限り、確率論の公理に従ったかたちで信念の度合いを割り当てなければならないのであり、また逆に合理的な認識主体の信念の度合いは確率論の公理に従う、このように主観解釈の支持者は主張する。

　確率値を人々の信念に帰着させ、それを「賭け」によって測ろうとする主観解釈は、あまりにも恣意的で、非科学的であるように思われるかもしれない。しかし主観説には利点もある。その一つは、命題として表せるものであれば、およそいかなることに対しても確率を割り当てることができる、というその柔軟性である。その最たるものが、確率分布のパラメータに関する仮説である。例えば、手元のコインを投げたときに裏表同じくらい出やすいという仮説は、ベルヌーイ分布のパラメータ $\theta = 0.5$ という命題によって表すことができ、これがどれくらい確からしいかを確率的に問うことができる（一方、後に見る頻度説では統計的仮説に確率を割り振ることはできない）。さらにそのコインを投げ

て得られた結果をもとに、各パラメータの値に関する命題の確率を改定することで、我々の信念をより現実に即した仕方でアップデートしていくことも可能になる。このアップデートの手引を与えるのが、ベイズの定理である。以下では、このベイズの定理を中心に据えたベイズ統計学の考え方を見ていこう。

2　ベイズ推定

　前述したように、ベイズ統計では、仮説についての信念の度合いを、得られたデータを証拠として更新していくことで帰納推論を行う。仮説を h、データないし証拠を e で表すことにすると、証拠を得た後での仮説への信念の度合いは、条件付確率 $P(h|e)$ によって表される。前章で見たベイズ定理によりこれは

$$P(h|e) = \frac{P(e|h)P(h)}{P(e)}$$

となる。ここで、

- $P(e|h)$ は**尤度**（likelihood; 仮説のもとでどれだけ証拠が得やすいか）
- $P(h)$ は**事前確率**（prior probability; 証拠が得られる前の段階で、仮説はどれだけ確からしかったか）
- $P(h|e)$ は**事後確率**（posterior probability; 証拠が与えられたもとでの仮説の確からしさ）

と呼ばれる。複数の仮説 $h_1, h_2, \ldots$ があるときは、それぞれの仮説の事後確率 $P(h_i|e)$ を同様に求めることができる。さらに全確率の定理を用いれば、分母の $P(e)$ は各仮説の尤度と事前確率の積の和に書き換えることができる：

$$P(e) = \sum_i P(e|h_i)P(h_i)$$

よって実質的にベイズ定理は、各仮説の尤度と事前確率をもとに事後確率を計算する、言い換えれば、仮説の説明力とそれが前々から持つ確からしさをもとに、

証拠が与えられた後の仮説の確率をアップデートするためのルールを与える。

　ベイズ統計では、このベイズ定理を用いた確率計算によって仮説の確証や予測などの帰納推論を行う。以下では、そうした推論の事例を少し紹介しよう。

2-1　仮説の確証と反証

　ある商店街では休日、人寄せのためにくじを催している。壺のなかにくじ玉が入っているのだが、実はこの壺には二種類あり、壺 A には 1 割しかあたりが入っておらず、壺 B は 3 割があたりである。毎週末、どちらかの壺が使われるのだが、どちらかはわからない。あなたはある休日にこの商店街に出向き、一個引いたらはずれであった。これを証拠 e としたとき、この証拠によって「壺は A（B）である」という仮説 h_A（h_B）の確率はそれぞれどのようにアップデートされるか。

- くじを引く前はどちらの壺かわからなかったので、事前確率は半々としよう。つまり $P(h_A) = P(h_B) = 0.5$
- 壺 A は 10％の確率であたり、つまり 90％の確率ではずれなので $P(e|h_A) = 0.9$、一方壺 B のあたり確率は 30％なので $P(e|h_B) = 0.7$
- これをベイズ定理に当てはめると、事後確率は

$$P(h_A|e) = \frac{0.9 \times 0.5}{0.9 \times 0.5 + 0.7 \times 0.5} = \frac{0.9}{1.6} \sim 0.56$$

また、

$$P(h_B|e) = 1 - P(h_A|e) \sim 0.44$$

つまりはずれが出たという証拠 e によって、目の前の壺が A であるという仮説の確からしさは 50％から約 56％まで高まり、逆に B であるという仮説は約 44％まで下がるということがわかる。

　以上のことは、1 章 2-2 節で導入した確率変数を用いて表すこともできる。確

率変数とは、様々な性質や状況をその値によって表現する関数であったことを思い起こそう。ここで関心のある性質とはもちろん、壺に入っているあたりくじの割合である。それを確率変数 θ で表すとすると、壺が A であるという仮説 h_A は $\theta = 0.1$、仮説 h_B は $\theta = 0.3$ として表される。つまりこれは $\{0.1, 0.3\}$ の二値を取りうる離散確率変数である。これらの可能性のそれぞれに事前確率を割り当てる分布を、**事前分布**（prior distribution）と呼ぶ。ここでの事前分布は、二つの値に同じ確率を割り当てる一様分布 （1 章 2-3-2 節）である。上で見たように、これをはずれだったという証拠（これも別の確率変数を用いて $E = e$ と表せる）をもとにアップデートして、各仮説／値の事後確率が求まる。この事後確率が、確率変数 θ の**事後分布**（posterior distribution）を定める。このように仮説を確率変数によって表した場合、ベイズ更新は事前分布から事後分布を導く計算として考えることができる。

　ところで、ここで確率変数 θ によって表されているのは、1 章で見たベルヌーイ分布のパラメータに他ならない。したがって、我々がここで行っているのは以下のようなことである。まず「壺からくじを引く」という蓋然的な事象を、ベルヌーイ分布という確率種によってモデル化する。次に、この確率種のふるまいを定めるパラメータについて、二つの仮説を立てる。そしてこの仮説の確率、すなわち信念の度合いを、データに基づいて更新する。この過程を経て、我々は対象（ここでは壺）をどのような確率種としてみなしているのか、という信念の度合いが変化する。ベイズ推論はこの変化を、確率種のパラメータ値についての事前分布から事後分布への更新という形で表すのである。

2-2　パラメータ推定

　上の例では、ベルヌーイ分布によって表される確率種のパラメータについて $h_A : \theta = 0.1$ と $h_B : \theta = 0.3$ という二つの仮説を立て、ベイズ定理に従ってその事後確率を計算した。次にこれを一般化して、壺の中のあたりの割合は全くわからない、という場面を想定してみよう。そこから何回かくじを引いて、壺の

中身、すなわちパラメータの値を推定したい。この場合パラメータ（あたりの確率）は 0 から 1 までのいかなる数値でもありえるので、実数無限個の仮説があることになる。よってここでは各仮説を表す θ を連続確率変数とし、その事後分布を求めればよい。

いま壺から n 回くじを引いて、x 回あたりが出たとする（なお、壺には非常に多くのくじが入っており、またくじは引いた後戻すとする）。前章で確認した通り、仮説 θ のもとでのこの確率、すなわち仮説の尤度は、二項分布より

$$P(x|\theta) = {}_n\mathrm{C}_x \theta^x (1-\theta)^{n-x}$$

になる。壺のあたり確率は事前には全く知られていないので、事前分布 $P(\theta)$ は θ の値によらず一定、すなわち一様分布だと仮定する。するとベイズ定理より事後分布は

$$P(\theta|x) = \frac{{}_n\mathrm{C}_x \theta^x (1-\theta)^{n-x}}{P(x)} \cdot P(\theta)$$

このうち、${}_n\mathrm{C}_x, P(x), P(\theta)$ は仮説 θ の値によらないので、これは結局、ただ $\theta^x (1-\theta)^{n-x}$ のみに比例する、つまり

$$P(\theta|x) \propto \theta^x (1-\theta)^{n-x}$$

この θ に 0 から 1 までの値を代入することにより、任意のパラメータ仮説の事後確率[3]を求めることができる。図 2.1 は、様々なデータセット (n, x) を用いて、あたり確率 $0 \leq \theta \leq 1$ の諸仮説の事後確率をプロットしたものである。これを見ると、試行回数が多いほど、特定の仮説の事後確率が高まり、また確からしいとされる仮説の幅も狭まる、つまりより精確な推論が可能になることがわかる。実はこの事後分布も、ベータ分布と呼ばれる確率種になっている。一般に、n 回の試行中 x 回あたりが出たときのあたり確率 θ の事後分布は、二つのパラメータ $(x+1, n-x+1)$ を持つベータ分布によって表される。

---

[3]ただし 1 章 2-2-1 節で注意したように、ここでは実数無限個のパラメータ上の確率分布を考えているので、計算するのは正確には事後確率密度（posterior probability density）となる。以下本文でも同様。

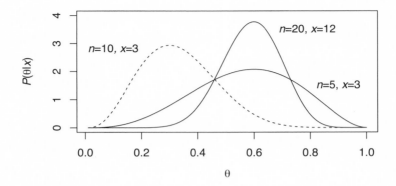

図 2.1 n 回くじを引いて x 回あたりが出たときのベルヌーイ分布のパラメータ θ の事後分布 $P(\theta|x)$。事前分布には $[0,1]$ の一様分布を仮定。実線で示された $n=5$ と $n=20$ のケースを比較すると、あたりの割合が同じでも総試行回数が多いほど推論の精度が増していることがわかる。

　以上のようにベイズ推論は、まず与えられた問題を適切な確率分布／確率種によってモデル化することから始まる。すると確率モデル、すなわち自然の斉一性についての我々の仮説は、この想定された分布のパラメータについての仮説として定式化でき、そのもとでのデータの確率すなわち尤度が求まる。後はこれら仮説の事後確率をベイズ定理を用いて計算することで、確率モデルについての信念をデータに基づき更新していく。上ではこのプロセスをベルヌーイ分布を用いて紹介したが、当然のようにこれは「壺からくじを引く」というケースのみならず、新生児の性別やコイン投げの表裏のように、ランダムで二者択一が行われるようなプロセス一般に適用することができる。つまりそれは様々に異なった帰納問題に共通の一つの「型」を示しているのであり、その意味で我々はこれを確率種と呼んだのであった。当然、ベルヌーイ分布は一つの種を示すに過ぎない。例えばある集団の身長や体重の平均について推論したいのであれば正規分布が、偶発的に起こる事象（例えば出前の注文電話など）の回数やそれが起こるまでの時間を推論したいならばポワソン分布や指数分布が用いられるかもしれない。いずれの場合にせよ、ある一定の確率種を想定すると、任意のパラメータ仮説のもとでの尤度が定まり、あとは事前分布を加味するこ

とでそれらの仮説の事後分布を得ることができる。ベイズ推論ではこのような
プロセスによって、隠された自然の斉一性についての我々の信念を洗練させて
いくのである。

2-3　予測

　さて、ではこのような確率モデルの推定は、未来事象の予測にどのように役
立つのであろうか。1章で述べたように、推測統計では確率モデルへの推論を通
して、未来の事象を予測するのであった。ベイズ統計は、データによってアッ
プデートされた事後分布を用いることでこの予測を行う。まず、上（2-1 節）で
見たくじ玉の例でこれを見よう。1回はずれが出た後の壺 A, B の事後確率はそ
れぞれ $P(h_A|e) = 9/16, P(h_B|e) = 7/16$ であった。このくじを壺の中に戻し、
もう 1 回引いたときにまたはずれが出るという事象を $\tilde{e}$ で表すと、この確率は
どれくらいだろうか。我々はすでに 1 回目がはずれだったというデータを得て
いるので、求めるべきはこのデータのもとで 2 回目もはずれであるという確率
$P(\tilde{e}|e)$ である。この確率は

　　1. 実際のところ壺は A であり、そこからはずれを引く確率

　　2. 実際のところ壺は B であり、そこからはずれを引く確率

の二つを足したものだろう。そしてこれはそれぞれ (1) h_A の事後確率 $P(h_A|e)$
と尤度 $P(\tilde{e}|h_A)$ の積と、(2) h_B の事後確率 $P(h_B|e)$ と尤度 $P(\tilde{e}|h_B)$ の積によっ
てそれぞれ表されるだろう。したがって求める確率は

$$P(\tilde{e}|e) = P(\tilde{e}|h_A)P(h_A|e) + P(\tilde{e}|h_B)P(h_B|e)$$

によって得られる。同様にして、2 回目があたりである確率も計算できる。こ
うして計算される各確率を事後予測確率、それにより定まる分布を**事後予測分
布**（posterior predictive distribution）と呼ぶ。

　以上は二つの仮説 h_A, h_B のみを考慮したときの予測であるが、さらに多くの
仮説があるときも考え方は同様である。例えば 2-2 節で見たような実数無限個

の仮説における、データ e が与えられたもとでの $\tilde{e}$ の事後予測確率は

$$P(\tilde{e}|e) = \int P(\tilde{e}|\theta)P(\theta|e)d\theta$$

で求められる。ここで事後分布 $P(\theta|e)$ はデータによって推定された統計モデルについてのあり方、尤度 $P(\tilde{e}|\theta)$ は統計モデルからの新しいデータのサンプリングをそれぞれ表しており、積分記号はそれをすべてのパラメータ仮説 θ について足し合わせるということを意味している。いずれにせよ、このベイズ予測プロセスが、図 1.2 で示した観測データからモデル、モデルから未観測データという矢印を反映していることを確認しよう[4]。

3　ベイズ統計の哲学的側面

3-1　帰納論理としてのベイズ統計

　以上で我々は、ベイズ定理を用いた確率計算を概観してきた。以下ではここから一歩引いて、こうした計算によって我々が何を行っているのか、そしてこれがどのような認識論的な意味を持ちうるのかを考えてみたい。

　現代のベイズ主義の旗振り役である Howson and Urbach (2006) によれば、ベイズを用いた確率計算は、帰納推論を行うためのルールすなわち**帰納論理**（inductive logic）として考えられる。しかしそれはいかなる意味で「論理」な

---

[4] 本文では直感的な議論によって事後予測分布を導いたが、より詳細に見るとこの導出もやはり斉一性と統計モデルの仮定に拠っている。全確率の定理を条件付確率に適用することで、事後予測確率はまず次のように展開できる：

$$P(\tilde{e}|e) = \int P(\tilde{e}|\theta, e)P(\theta|e)d\theta$$

ここで、観測データ e と未観測データ $\tilde{e}$ をつなぐのは仮定されている斉一性のみであるため、もし統計モデルがその斉一性を十全に捉えているのであれば、そのパラメータを固定することで両者は独立になる（あるいはより哲学者に親しまれた言い方では、観測データ e と未観測データ $\tilde{e}$ はパラメータ θ によってスクリーン・オフされる）。すなわち $P(\tilde{e}|\theta) = P(\tilde{e}|\theta, e)$ がすべての θ について成立し、本文での式が得られる。ここでも重要なのは、斉一性の仮定（IID 条件）と、その斉一性が統計モデルによって十全に捉えられているということである。

のだろうか。彼らの主張を理解するために、いったん帰納のことは脇に置き、一般的に「論理」と称される演繹論理とはそもそも何であるのかについて、簡単に確認しておこう。演繹論理は、言うまでもなく、前提の命題集合から論理的な規則に従って結論を導き出す。ここで重要なのは、そのような推論が妥当である、すなわち正しい前提から導かれた結論は常に正しいということである。この推論の妥当性は、論理式の充足可能性という観点から捉え直すことができる。例えば A および $A \supset B$ という前提から B という結論を導く推論を考えてみよう。これが妥当であるかどうかは、結論の否定 $\neg B$ が前提の集合と整合的かどうかを見ることで確かめられる。同じことを、真であれば 1、偽であれば 0 を返すような真理関数 V を用いて考えることができる。前提が真とは $V(A) = V(A \supset B) = 1$ ということであり、結論の否定は $V(B) = 0$ となる。よって我々が確かめるべきは、次の連立方程式

$$V(A) = 1 \tag{1}$$

$$V(A \supset B) = 1 \tag{2}$$

$$V(B) = 0 \tag{3}$$

を同時に満たすような真理関数 V が存在するか、ということである。そして明らかにそのような関数は存在しない。というのも「$\supset$」の推論規則より $A \supset B$ が正しいのは A が偽であるか B が真であるときなので、等式 (2) は $V(A) = 0$ もしくは $V(B) = 1$ と展開できるが、双方ともそれぞれ (1) および (3) と矛盾するからである。真理関数はそれぞれの命題の真偽を定めることで可能な世界のあり方を示すのだから、この充足不可能性が意味するのは、前提が真であって結論が偽となるような状況は存在しない、すなわち上述の推論は妥当である、ということである。

　ハウソンとアーバックによれば、ベイズ推論もこれと事情は全く同様である。ベイズ定理は、尤度と事前確率という前提から、結論としての事後確率を導く。これは、上で式 (2) から二つの式を導いたように、前提となる式から結論の式

を導く論理的な規則に他ならない。ただ異なるのは、用いる関数が 0 か 1 かで白黒定まる真理関数 V でなく、0 から 1 までのいかなる値もとりえる確率関数 P となるという点である。しかしこのことは、両者の論理的推論としての性格に違いをもたらすわけではない。実際、確率計算によって得られた結論が妥当であることは、上述の意味での充足可能性によって示される。すなわち、ベイズ定理から逸脱し、条件付確率 $P(h|e)$ に対しベイズ定理で得られるのとは異なる値を設定しまうと、その前提すなわち事前分布や尤度の確率付置と不整合をきたしてしまう、つまりそれらの確率式を同時に充足するような確率関数は存在しない。したがって我々は自らが前提としている信念の度合いに整合的な形で推論を行おうとする限り、ベイズ定理に準じて計算を行わなければならないのである。

　以上をまとめると次のようになる。演繹推論における妥当性とは、前提の真理値割り当てに対し整合的な形で結論の真偽を導き出すことであり、これは健全な論理規則に従って推論することで担保される。一方、帰納推論における妥当性とは、前提の信念の度合い（すなわち事前確率と尤度）に対し整合的な形で結論の信念の度合い（事後確率）を調整することであり、これはベイズ定理に代表される確率規則に従って計算することで担保される。このような意味で、ベイズ定理を始めとした確率計算は帰納推論についての論理を与えるのである。

3-2　内在主義的認識論としてのベイズ統計

　ハウソンらが言うように、ベイズ統計における推論は帰納論理であり、その本質は演繹論理と同様、整合性を保つような仕方で命題に確率／真理値を割り当てることであると認めたとしよう。ベイズ主義者はこの手引に従い、事前確率や与えられたデータといった前提と整合的になるように、背後の確率種についての信念の度合いを調整していく。しかしここで疑問が生じる。演繹論理は、一般的に前提となる命題を分析するだけであり、そこに新たな情報を加えることはない。「すべての人間は死ぬ」「ソクラテスは人間である」という前提から

「ソクラテスは死ぬ」という結論を導くとき、我々は何か新たな知識を獲得したと言うことはできないだろう。しかるに前章で確認したように、帰納推論とはまさにそうした演繹の限界を超え出て、未だ知られていないような事柄を推論するところにその特徴があるのであった。もしベイズ統計が演繹論理同様にある確率的前提を変形し、その整合性を確認するだけなのであれば、いかにしてこのような拡充的（ampliative）推論に資することができるのだろうか。つまり、ベイズ統計学はいかにして帰納の論理であることができるのか。

　こう問うとき、我々はすでに哲学的認識論の領野に足を踏み入れている。論理学や確率論は、我々の信念や知識を整理しまとめ上げる非常に強力なツールを提供してくれる。これに従うことで、それまで気づかれなかったような命題同士の関係が引き出されたり、一見何の問題もないように思われた命題同士が実は不整合であると判明したりする。しかしそれらはあくまで、命題同士のアプリオリな関係に過ぎない。それがどのようにして、仮説の確証や未来の予測などといったアポステリオリな知識の獲得や推論に関係するのだろうか。哲学的認識論はこの問題、すなわち我々の経験や論理が知識にどのように関わり、それを導くのかという問題を扱ってきた。したがって、データと帰納論理をもとに推論を行うことで科学的な知識をもたらさんとするベイズ主義統計学も、この意味において、一つの認識論を内に含んでいることになる。ではそれはどのような認識論であり、そこで得られる結論はどのような意味において知識と呼ばれる権利を有するのか。以下本節ではこの点にスポットを当て、認識論としてのベイズ主義を特徴付けてみたい。

3-2-1　認識論と正当化の問題

　統計学と認識論を結び付ける鍵、それは**正当化**の概念にある。それを見るために、ここでいったん統計学を離れて、認識論について概観しよう。哲学的**認識論**（epistemology）の第一にして主要な問いは、知識とは何か、というものである。プラトン以来、知識とは**正当化された真なる信念**（justified true belief）である、という定義が長らく受け入れられてきた。まずある人がある事柄 P を

知っていると言われるには、その人は *P* だという信念を持っていなければならない。そしてそれは正しい、すなわち実際に *P* が成立していなければならない。では正しい信念であればすなわち知識であると言えるかというと、実はそうでもない。というのはときに我々の信念は、まったくの偶然によって正しい場合があるからである。例えばなんとなく今日はあたりそうだと思って買った宝くじが実際にあたりだった、ということはありうるだろうが、しかしこの場合に私は自分の買ったくじがあたりだと知っていたと言うことはできないだろう。というのはこの場合、このくじがあたりであると考えるべき理由を私は何ら持っていなかったからである。またある政党の党員が、対立政党の党首の失脚を願うあまり、彼が汚職に手を染めていると信じるようになったとしよう。この党首が実際に汚職事件で起訴され有罪を認めたとき、この党員はその事実を知っていたと言えるかといえば、そうではないだろう。というのも、確かにこの党員はそのように信じる動機は持ってはいただろうが、一般にそうした希望的観測は汚職を信じる正当な理由とは認められないからだ。こうしたことから、知識は単に正しい信念であるというだけでなく、さらに然るべき理由によって正当化されていなければならない、とこのように哲学者は考えてきた。

　正当化の目的は、「まぐれあたり」、すなわちたまたま真になってしまっているような信念を知識から排除することである。そう考えると、ここでの「信念」を「仮説」に置き換えれば、これは単に上のような日常的な例だけでなく、科学的探究にも共通する課題であるということがわかる。科学的知識とは何か、というのは非常に複雑な問題であり、一言でそれを言い表すことはできないだろうが、少なくとも言えることは、それは単に正しいと判明した仮説ではない、ということだ。これは手始めに数学を考えればわかりやすい。例えば私が「3 よりも大きな偶数は 2 つの素数の和として表すことができる」と信じているとしよう。そして将来、この命題の正しさがとある数学者によって証明されたと仮定しよう。しかしだからといって、私が 2020 年の時点ですでにこのゴールドバッハ予想の答えを知っていた、と認める人はだれもいないだろう。というのも私の信念は正しかったかもしれないが、数学的に正当な理由付け、すなわち証明

を全く欠いていたからである。

　確かに、経験科学には純粋数学と異なるところが多分にあるかもしれない。しかし、知識と認められるためには正しさだけでなく正当化も要請される、という点では事情は同様である。もし正しさだけが問題であるのであれば、科学は予言と変わらなくなるし、すべては原子からなると述べたデモクリトスは原子論を、絶対空間を否定したライプニッツは相対論を知っていたことになってしまう。数学的知識が証明を要請するように、科学的知識を知識たらしめているのは、それが一定の手続きと推論によって正当化されている、という事実であり、それゆえ科学論文では実験や観測に用いた手法や、そのようにして得られたデータと結論を結び付ける論拠（いわゆる「マテメソ」materials and methods）が重視されるのである。そして統計学は、そうした科学的正当化において主要な、というよりほとんど特権的と言って良いほどの役割を現代科学において担っている。大多数の科学的仮説は蓋然的であり、どれだけ実験や観測を厳密に行ったとしても、仮説を支持するような結果が単なる偶然によって生じたという可能性を排除できない。よって我々は、実験や観測の結果が単なる「まぐれあたり」ではなく、真に仮説の正しさを裏付けるものであると立証する必要がある。統計学は、この正当化のプロセスを現代の科学的推論において引き受けているのである。

　上で見たベイズ統計学も、データのもとでの仮説の事後確率を計算することによって、当該仮説を正当化するための一つの方法論として理解できる。では、それはどのような意味での正当化なのであろうか。現代認識論においては、この正当化の概念をめぐって様々な見解が擁立され、議論されてきた。ある信念や仮説を正当化するとは、そもそもどのようなことであり、またそれは何によって行われるのか。ある立場では、信念は他のすでに正当化された信念からの妥当な推論により導かれることによってのみ正当化されるとされ、また他の立場では、信念は何らかの客観的プロセスによりその正しさが担保されることによって正当化されると論じられる。大まかには、前者は内在主義的な認識論、後者は外在主義的な認識論と言われる。以下では、この二つの哲学的立場と照らし

合わせたとき、ベイズ主義は主に内在主義的な認識論として特徴付けられると論じたい。もっともこれは、すべての内在主義者がベイズ主義的であるとか、ベイズ主義であれば内在主義的認識論を採らなければならないという意味ではない。むしろ、ベイズ主義は内在主義と類似した正当化概念を有し、また同様の困難を抱えているということを示すこと、そしてそれによってベイズ統計の認識論的な側面を浮かび上がらせることが主眼である。そのために以下ではまず、哲学的なテーゼとしての内在主義的認識論をより詳しく見ていくことから始めよう。

3-2-2　内在主義

　真なる信念が正当化され知識とみなされるための条件は何か。認識論的**内在主義**（internalist epistemology）によれば、それは当該信念を有している当人が、その信念の理由ないし証拠をしっかりと把握している、ということである。上述した政党党員にもう一度ご登場願うことにしよう。彼女は件の政治家が汚職に手を染めていたことを知っていたわけではなかった、と我々が上で判断したのは、彼女の確信が単に希望的観測からきたものであり、正当な理由ないし証拠に基づくものではなかったからだ。そこで、ここでは彼女には実はちゃんとした理由があったと想定してみよう。例えば、彼女は敏腕ジャーナリストであり、検察がこの件について動いているというタレコミを信頼できる筋から受けていたのかもしれない。この場合、確かに彼女は汚職を事前に知っていた、と我々は判断するのではないか。というのも、この場合彼女は党首が汚職しているという自分の信念を支持するための正当な根拠、すなわち検察の動きについての情報を別に有していたからである。ここで、当該の信念を支持する根拠は、単に事実として成立している（つまり実際に検察が動いている）だけでなく、当該の人物によってしっかりと把握されていなければならない、つまりその根拠は彼女の「内」に信念として内在していなければならない。そうでなければ、他ならぬ彼女がそのことを知っていたと言うことはできないだろう。このように内在主義者は、正当化を主体の有する信念間の関係性として理解する。すなわ

ち内在主義にとって、ある信念が正当化されるとは、その信念を根拠付けるような別の信念を認識主体が有しているということなのである。

　ここでの「根拠付け」は、一種の推論関係と捉えて良いだろう。検察からのタレコミが汚職についての信念を根拠付けるのは、前者から後者が妥当に推論できると想定されるからだ。これに限らずある信念は、認識主体が有している他の信念から妥当な推論規則に基づいて推論されるとき、それらの前提によって根拠付けられる。こうした推論を支える代表的な規則として、演繹論理が挙げられる。例えば私が「すべての人間は死ぬ」「ソクラテスは人間である」と信じているのであれば、そこに三段論法を適用することで「ソクラテスは死ぬ」という信念を正当化することができる。しかしすべての根拠が論理的な必然性を持つわけではない。上の例でも、検察が動いているという情報は、件の党首が有罪であるということの蓋然的な証拠にはなるかもしれないが、それを確実に含意するわけではないだろう。ベイズ定理を、こうした蓋然的な根拠付けに関する推論規則として考えるのは極めて自然なことだと思われる。ベイズ主義者にとって、確率とは信念の度合いを測るものであり、また統計的な推論とは信念間の関係性を見るものであったことを思い起こそう。ベイズ的な認識者は、証拠、事前確率、尤度などの前提にベイズ定理を適用することで、仮説の事後確率、すなわちその事後的な信念の度合いを導き出す。我々は上で、これが演繹論理と同様に、論理的規則に則った妥当な推論の一形態であるということを確認した。もちろんここで導かれるのは仮説の真偽そのものではなく、あくまでその確からしさとしての事後確率である。よって例えば事後確率 0.99 という結論によって正当化されるのは、仮説が非常にもっともらしいと信じることであって、それが正しいと信じることではない。両者の間には、一見微妙だが実は非常に大きな隔たりがある[5]。しかしその差異を別にすれば、ベイズ統計は、

---

[5] 一見したところこれは大した違いとは映らないかもしれない。例えば、ある閾値を定め、事後確率がそれ以上の仮説は無条件に正しいと判断する、というようなルールを定めることが考えられるだろう。しかしこれがうまくいかないことを示す次のようなパラドクス（富くじのパラドクス lottery paradox）が知られている。100 枚のうち 1 枚だけあたりがあるような富くじが 100 人に配られたとする。各々のくじがはずれる確率は 0.99 である。よってもし我々が「確率 0.99 以上は正しいと判断する」というルールを採用するならば、100 人すべてについて、「その人の持つくじははずれである」と判断することになる。しかしこれは 100 枚のうち 1

演繹論理と同様、前提の信念によって仮説についての信念を根拠付ける推論プロセスであると言うことができるだろう。

　以上を踏まえ、統計的分析はどのような意味で科学的仮説を正当化するのか、という冒頭の問いにベイズ的な観点から答えを与えてみよう。正当化とは何か、それは内在主義的な認識論に従えば、ある信念が前提となる他の信念から妥当な推論規則によって根拠付けられることである。ベイズ統計は、この内在主義的な正当化プロセスに内実を与える。つまりそれは、証拠の生起、仮説の事前確率や尤度などといった前提となる信念（の度合い）から、仮説についての事後的な信念の度合いを導くための推論規則を与える。これを用いることによって、ベイズ主義者はあるデータと事前の知識に照らし合わせたとき、仮説はこれこれの程度に確からしいという結論を正当化する、そしてその正当化のプロセスは、主体が持つ信念間の推論関係によって担保されるという意味において、内在主義的なものなのである。

3-3　ベイズ主義の認識論的問題

　内在主義に従い、正当化とは信念（の度合い）を他の信念（の度合い）と整合的な仕方で導き出すことだとしよう。しかし、これは一つの定義に過ぎない。一体このように定義された正当化概念は、それに期待される役割をしっかりと果たしてくれるのだろうか。我々は上で、正当化の目的は「まぐれあたり」を防ぐことだと述べた。ある信念や仮説が正しいかどうかということは、究極的には世界の側で決まることであり、極端な見方をすれば我々がそれを実際に確認する術は存在しない。しかしだからといって全く打つ手が無いわけではない。ある仕方で得られた信念は、（最終的にそれが真であるかは神のみぞ知るとは

枚はあたりであるという最初の想定と矛盾する。閾値をより厳しくしたとしても、くじの枚数を増やすことで同様のパラドクスが構成できる。このパラドクスが示すのは、閾値によって「知識」（の候補）と判定された信念の集合は、論理的に閉じていないということだ。これは、知識は論理的に閉じていて欲しい（つまり知識とされるものに論理規則を適用した結果もやはり知識と言いたい）という我々の期待に反するという点で、パラドキシカルとされている。

いえ）真であると考えられる十分な根拠があるかもしれない。「まぐれあたり」を防ぐとは、まさにそのような根拠を一部の信念や仮説に対して与えることだ。であるとすれば、正当化は、何らかの仕方で真理を保証するものであってほしい。これは必ずしも、正当化された信念は100％正しくなければならないという意味ではない。確かに、デカルトに代表されるかつての哲学者は、そのような不可謬性を希求した。一方現在の哲学者はより謙虚であり、正当化と確実性を区別して考える。それであっても、正当化という概念には、確実にとは言わないまでも、何らかの意味において真理へと我々を導く、すなわち**真理促進的**（truth-conducive）であるという役割が期待される。そこで一つの疑問が生じる——上で見た内在主義的な正当化概念は、いかなる意味で真理促進的と言えるのだろうか？

　これが内在主義にとって問題となるのは、一見したところ、主体の信念間の論理・推論的な帰結関係に基づくその正当性概念が、どのようにして主体の「外」である世界との一致を担保してくれるのかが全く明らかではないからである。例えばもし私が「月はブルーチーズでできている」および「ブルーチーズはおいしい」という信念を持っているのであれば、「月はおいしい」という結論を論理的に導くことができる。しかしこれをもって、実際に月はおいしいのだ、と考えるのは馬鹿げているだろう。ここでの問題は明らかに、前提である「月はブルーチーズでできている」という信念が偽であることに帰される。論理的な推論によって結論の正しさを保証するためには、前提が真であると保証されなければならない。では、どうやって前提の正しさを保証できるだろうか？　内在主義の枠組みに忠実であろうとするならば、その保証は新たな正当化、すなわちその前提を他の信念からの妥当な推論を経て導くことの他にない。すると容易に想像できるように、今度はこの信念を正当化するために別の信念が必要、というように正当化の過程が際限なく要請されることになる。しかし我々は、実際にそのような無限の正当化を行うことはできない。よって内在主義者がその正当化概念の真理促進性を示すためには、まずもってこの**遡行問題**（regress problem）を解決する必要がある。

　内在主義的認識論としてのベイズ主義にも、これとまさに同様の困難が生じうる。上で確認したように、ベイズ定理とは、証拠のもとでの仮説の信念の度合いを、尤度と事前確率に整合的な仕方で調整する方法に過ぎない。しかし信念の確率付置をいかに整合的に保ったとしても、肝心の前提が当てずっぽうであるなら、そこから導かれる事後確率の「正しさ」を主張することは到底おぼつかないだろう。よってベイズ推論が真理促進的である、つまりその事後確率が実際の現実世界のあり方を反映したものであるためには、これらの前提を正当化することが、重要な課題となってくる。そしてすぐ見るように、その過程の中で上で述べたような遡行的な構造が生じる。そこで以下では、事前確率と尤度というベイズ推論の二つの前提がいかに正当化されうるかについて、順を追って見ることにしよう。

3-3-1　事前確率の正当化 (1)：「洗い流し」

　前章で触れたように、尤度（すなわち確率種／統計モデル）の設定は、ベイズに限らず、古典統計やモデル選択理論など、パラメトリック統計一般に共通する前提である。一方で事前確率は、ベイズ統計に特有の想定であり、この正当性がベイズ主義をめぐる論争の火種となってきた。この論争を考える前に、まずベイズ的推論における事前確率の重要性を、例から見てみよう。

　　　アリスは健康診断である病気の検査を受けたところ、陽性であった。説明書きによると、この診断に用いられた検査キットはかなり精確であり、95%の確率で病気を発見でき、偽陽性率（健康なのに病気と誤診断する確率）も 1 割に過ぎないという。さて、アリスが実際に病気に罹患している確率はどれくらいだろうか。

　　　これを計算するためには、事前確率が必要だ。アリスはこれまで見聞きした情報から、この病気の罹患率はだいたい 100 人に 1 人くらいだろうと見積もった。実際に罹患していることを h、陽性を e で表すとすると、$P(h) = 0.01, P(e|h) = 0.95, P(e|\neg h) = 0.1$。ここから事後確率を計

算すると

$$P(h|e) = \frac{0.95 \times 0.01}{0.95 \times 0.01 + 0.1 \times 0.99} \sim 0.088$$

つまり 1 割弱となる。この結果を受けてアリスはすっかりふさぎ込んでしまった。

　しかしこのアリスの結論は理にかなっているだろうか？　実際のところは、この病気はアリスが考えるよりはるかに稀なものであり、罹患率は 1000 人に 1 人程度だったとしてみよう。この正しい事前確率 $P(h) = 0.001$ で計算し直すと、事後確率は 0.009、つまりたとえ陽性の試験結果が出たとしても実際に罹患している確率は 1% にも満たないことがわかる。

　ここでのアリスのように、事前確率を等閑視し、尤度が高ければ事後確率も高いだろうと早合点してしまうことを、**基準率の誤謬** (base rate fallacy) という。この誤謬は、ベイズ推論の結論を正当化するためには、まずもって正しい事前分布が必要であるということを示している。またこのことは、ベイズ推論の客観性にも疑問を投げかける。例えば上のケースにおいて、病気の罹患率は正確には知られていなかったとしよう。その場合、例えば二人の医者が罹患率について異なった事前分布を持っていたとしたら、陽性という同じ結果を手にしても全く異なった、場合によっては正反対の診断を下すことになるかもしれない。つまりベイズ推論の結果は認識者の主観に依存し、客観的な結論にたどり着けないのではないだろうか。

　これに対するベイズ主義者の標準的回答は以下のようなものだ。確かに、1 回のデータでは客観的に正当化された結論にたどり着くのは難しいかもしれない。しかしベイズ推論は信念のアップデートのプロセスなのであり、それを繰り返すことでより正確な結論にたどり着ける。2-1 節の壺くじの例を思い起こすと、我々は 1 回のはずれという証拠により A の壺であるという仮説 h_A の事後確率を 56% へと更新した。今度はこのように得られた事後分布を事前分布として、2 回目のくじを引いてみれば良い。このような仕方で一般には $n-1$ 回

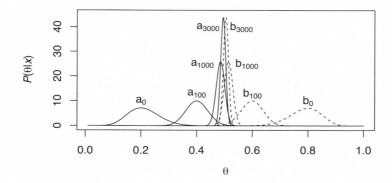

図 2.2 データによる主観確率の「洗い流し」。実線 a_0 と破線 b_0 はベルヌーイ分布のパラメータについての二つの異なる事前分布を示す。a_n, b_n はこれらが $n = 100, 1000, 3000$ 回の試行（そのうち半分が成功数）によってどのように変化していくかを示している。データ数が増すにつれ二つの事後確率の山は近づいていき、最終的に 3000 回の試行の後では大部分が重なり合うことがわかる。

目の試行で得られた事後分布を n 回目の事前分布にしてベイズ推論を繰り返すことで、どのような事前分布から出発しても、事後分布は最終的に一つの形へと収束していく。図 2.2 はこの事前分布の「洗い流し（washing out）」の過程をベルヌーイ分布の例で図示したものである。この図からは、a と b という二人の科学者が「あたり確率」について当初は全く異なった事前分布（一番外側の a_0, b_0 で示された実線と破線）を抱いていたとしても、観測を重ねるにつれ事後分布が徐々に近づいていき、最終的にはかなりの程度で意見の一致に至るということがわかる。このようにデータ数が増えるにつれ事前分布の影響は徐々に洗い流され、事後分布は真なるパラメータ値（この場合 0.5）へと収束していくため、たとえ探究の初期に主観的な相違があったとしても、データさえ十分に取ることができればそれは実際上の問題にはならないと、ベイズ主義者は主張する。

　このデータを蓄積していく過程は、一種の「遡行」と捉えることができる。つまり、n 回目の推論の前提である事前分布を $n-1$ 回目の推論の結論である事後分布として正当化し、またその前提を一つ前のベイズ更新によって正当化し⋯

というように正当化の連鎖を続けていくことで、推論全体を正当化しようとするものだ。しかしこの連鎖はいつまで続くのだろうか。多くの認識論者は、このような連鎖は無限に退行し、結局何も正当化することはできないと考えてきた[6]。しかし統計学ではむしろ逆に、無限に退行することができれば最終的な結論は正当化されると考える。これを保証するのが、前章で見た大数の法則である。これにより、真なる仮説に確率ゼロを割り当てない限り、どのような事前分布から出発しても、試行回数が無限に近づくにつれ事後分布は一つの真なる確率分布に収束する、ということが示される。確かに、このようにデータを蓄積していくプロセスは「遡行」というよりも「進行」と見る方がより直感にそぐうかもしれない。しかしそれは単に見方の問題に過ぎない。無限回の推論の蓄積により真理に到達できるということは、逆から見れば、そのように得られた結論はそれまでの無限回の推論過程によって正当化されると考えることもできるからだ。重要なのは、ベイズ統計においては、このように正当化のプロセスを無際限に繰り返すことさえできれば、事後分布は真なる分布に合致するということが理論的に保証されている、ということである。つまりベイズ的な正当化は、漸近的に真理促進的なのである。

3-3-2 事前確率の正当化 (2)：無情報事前分布

しかしこれは、無限ないし十分に多い数の試行が可能な場合の話である。実際のデータは常に有限、そして場合によっては無限には到底及ばないほど限られているのであり、そうした現実的なケースでは、推論の正確さは前提となる事前分布に大きく依存することになる。この場合ベイズ主義者は、適切な事前分布を用いることで、有限な正当化の連鎖を下支えすることができると考える。こうした見方は、一般に認識論的**基礎付け主義**（foundationalism）と呼ばれる。この立場によれば、我々の信念の中にはそれ以上の正当化を受け付けないような「基礎的」な信念があり、他のすべての信念はこうした基礎的な信念に最終的に支えられることによって正当化される。となると当然問題とされるのは、そ

---

[6]一方で、無限の遡行による正当化を許す立場もあり、無限主義（inifinitism）と呼ばれる (Klein, 1999)。

うした基礎的な信念とは何か、ということになる。もしある信念が基礎的なの
だとしたら、それは他の信念に拠らず、ただ自らのみによって正当性を有する
のでなければならない。しかしそれはどのようにして可能なのか。これには二
通りの可能性が考えられる。一つは、全く経験に拠らずとも、それ自体として
アプリオリに確実とされるような知識の存在を認めることである。例えば「1 +
1 = 2」のような数学的命題についての信念は、いかなる経験による正当化も必
要とせず、それ自体として確実であるように思われる。これ以外にも、例えば
デカルトは「私」や「神」の存在についての信念（彼の言葉では「観念」）は、
そうした数学的信念以上の確実性をアプリオリに有すると考え、そこにすべて
の信念体系の確実性を基礎付けることを試みた。もう一つの可能性はアポステ
リオリな方向性であり、感覚によって直接知覚されるような印象についての信
念、例えば「今私にはこれこれの色が見えている」というような信念を、それ
自体で確実な信念として受け入れることである。

　ベイズ主義における事前分布の正当化にも、同様に二つの方向性が考えられ
る。**無差別の原理**（principle of indifference）は、経験に拠らない（つまりアプ
リオリな）事前分布の正当化として最も一般的なものだ。これは考慮している
仮説について何も事前に情報がない場合、そのどれもが同程度ありそうである
と考え、全仮説に同じ確率を割り当てる。このように得られる事前分布を、**無
情報事前分布**（non-informative prior）と呼ぶ。例えば前述の壺 A, B にそれぞ
れ 0.5 を割り当てる分布は無情報事前分布である。またそもそも壺の中身が全
くわからないケースでは、パラメータ値（あたり確率）θ という仮説に対して、
無情報事前分布は $0 \leq \theta \leq 1$ の間の一様分布によって表せた。あるいは正規分
布などを事前分布に使いたい場合、分散を非常に大きくとることで、一様分布
に近いフラットな分布を得ることができる。これは厳密な意味で無情報とは言
えないが、実用上はそれに十分近いとみなしうる。

　しかしなぜ、このようなアプリオリな前提によって、経験的な仮説について
の結論の正しさを保証することができるのか？　これはおよそアプリオリな基
礎付け主義者一般に対して向けられる問いである。この問いに答えるためには、

そもそも無差別の原理が何を目的としたものなのかを押さえておく必要がある。無差別の原理の本分は、我々が何の事前知識もない場合に事前分布を設定するための指針を与えることで、事前分布の恣意的な選択を排除し、間主観的な一致を確保することにある。つまりそれは、仮説に対して何の先入観も持たない複数の認識者が、同じデータを手にしたときに、同じ結論（信念の度合い）に到達することを企図している。しかしこのように保証された間主観性は、それ自体として客観的な外界との一致を含意するわけではない。我々はみんな一緒に誤った結論にたどり着いてしまう可能性だってありうる！ そのためベイズ推論が真理促進的であることを示すためには、無差別の原理は別の想定と組み合わされなければならない。その別の想定とは、もう一つの前提である尤度が正しい、という想定である。そしてこれはすぐ後で見るように経験的な前提であり、無差別の原理というアプリオリな原理はこの経験的原理とセットになることで初めて真理促進性に寄与する。実際、無情報事前分布によって企図されるのは、結論である事後分布が、主観的かつ恣意的な事前分布ではなく、客観的と目される尤度によって全面的に決まるということである。よって無差別の原理とは、客観的な真理促進性ではなく、あくまで間主観的な意見の一致のための原理なのである。

　しかし、このように限定された目標、すなわち間主観的な一致をアプリオリに保証するという目的に的を絞っても、無差別の原理はこれを本当に達成できているのかという疑念が挙げられてきた。というのも無情報事前分布は、対象をどの確率変数によって記述するかによって形が変わってしまう、つまり変数変換に対し不変的ではないということが知られているからだ。この問題は「ワインと水のパラドクス」や「ベルトランのパラドクス」といった名で呼ばれてきた。これらは無情報を仮定したとしても、事前分布およびそれに依存するベイズ推論は、変数選択という点で恣意性を排除できないという問題を指摘する興味深い議論なのだが、ここではこれ以上この問題に深入りすることはせず、詳しい解説は類書 (Gillies, 2000; Childers, 2013; Rowbottom, 2015) に譲りたい。

3-3-3　事前確率の正当化 (3)：経験ベイズ

　無差別の原理は経験に拠らない（拠ることができない）場合のアプリオリな事前確率の根拠付けであった。他方、当該の仮説に関して何らかの事前情報が知られているなら、これを事前確率に反映させることが考えられるだろう。例えば、先程の病気診断の例では、1000 人に 1 人が罹患するという事前の知識をそのまま事前分布として用いた。実際この状況においては、無情報事前分布を用いるより、こうした手持ちのデータを用いて事前分布を設定した方が、正確な推論ができると考えられるだろう。このように事前の調査や観測データに合わせてアポステリオリに事前分布を決定する方法を、**経験ベイズ**（empirical Bayes）と呼ぶ。

　経験ベイズは、我々は仮説に対する信念の度合いを実際の現象の起こりやすさに一致するように調整するべきだ、という至極まっとうな要請を事前分布について適用したものだ。哲学者デヴィッド・ルイスは、この要請を**主要原理**（Principal Principle）と呼び、主観確率を用いて世界に対して推論を行う上で必要不可欠な（つまり主要 principal な）想定だと考えた (Lewis, 1980)[7]。我々は本章 1 節で主観確率を導入したとき、信念の度合いは確率の公理を満たす限りどのような値でも良い（例えばあなたが月はブルーチーズでできていると強く信じていても良い）、と述べた。実際、確率の公理に従っていさえすればダッチブックを防ぐ、つまり確実に負けるような賭けを防ぐことができるという意味で、それは一定の合理性を担保してくれる。しかしそれは最低限の制約である。人によっては、合理的と呼ばれるためにはこれよりも強い制約が必要だと考えるかもしれない。例えばもし誰かが「今年のお盆には雪が降る」というような信念に高い確率を付しているのであれば、それは仮に確率の公理を満たしていたとしても、やはり不合理であると判断したくなるのではないか。というのもその場合、

---

[7] 一般に認識論において信念の度合いは credence、事象の実際の起こりやすさは chance と呼び区別される。ある人 A が事象 H の chance を x だと信じている、ということを $ch_A(H) = x$ と表すことにしよう（ただし $0 \leq x \leq 1$）。すると主要原理は、A の信念の度合い P_A は

$$P_A(H|ch_A(H) = x) = x$$

を満たさなければならない、という主張である。

実際にその信念の度合いに基づいて賭けが構成されたならば、その人は（絶対とは言わないまでも）ほぼ確実に賭け金を失うことになるだろうからだ。よって我々は自らの信念の度合いを、実際の物事の起こりやすさに一致させなければならない。主要原理は、この要請を明示的に述べたものだ。

　信念の度合いを実際の起こりやすさと一致させるべきだという主要原理のこの主張は、当然至極で、改まって述べ直すようなことでもないように思われるかもしれない。しかしながら、ここには微妙な難しさが存する。というのも、信念の度合いとは区別された「事象の実際の起こりやすさ」とは何か、また両者を一致させるとはどのようなことなのか、ということは実のところ全く自明ではないからだ。まず留意すべきなのは、ベイズ的意味論の枠組みでは確率とはあくまで信念の度合いを指すのであるから、ここで言われる「起こりやすさ」は我々が今まで論じてきたところの確率ではない。ではそれは何か。おそらく最も直観的な「起こりやすさ」の定義は、実際の頻度を用いるものだろう。例えば上の例では、1000人中1人が罹患したという過去の頻度を用いた。しかしながら、我々はその1000人全員のデータを用いるべきだろうか。例えばもしその病気の罹患率が男女で違うならば、アリスの病状を推論するためのデータとして男性の罹患率を含めるべきではないだろう。同じようなことは、年齢、居住地、既往歴、星座…など他のありとあらゆるカテゴリーで考えることができる。これらのうちどのカテゴリーが考慮されるべきかはアプリオリには明らかではないし、またすべてのカテゴリーで層別してしまうと、結局残るデータはアリス本人のみ、ということにもなりかねない。つまり「起こりやすさ」は基準となる**参照クラス**（reference class）に依存し、どの参照クラスが適切かは必ずしも明らかではないのである (Bradley, 2015)。

　また仮に参照クラスが定まり、頻度なり他の何らかの根拠により実際の「起こりやすさ」が定義できたとしても、今度はそれが確率、すなわち主体の信念の度合いとどのように関係するのか、という問いが生じる。上に述べたように、ここでの「起こりやすさ」とは現実のあり様として想定されており、主体の持つ信念の度合いすなわち確率ではない。一方、ベイズの枠組みに留まる限り、正

当化は確率間の関係でしかありえない。しかるに主要原理が行おうとしているのは、「起こりやすさ」という信念以外のものによって信念の度合いを正当化するということに他ならない[8]。そうだとすれば、それはどのような意味における「正当化」なのだろうか。少なくともそれは、上に見たベイズ的な確率付置の整合性という意味ではないだろう。もちろんこれは、そのような意味での正当化が無効であるというわけではない。確かに、もし我々が頻度について正しい情報を持っていると仮定するのであれば、それに基づいて主観確率を設定するのは極めて理にかなったことであるように思われる。しかしそうした推論、およびそれに基づき事前分布を設定する経験ベイズの根拠は、ベイズ統計自体の中には存しないのである。

　実のところこの問題は、内在主義的な基礎付け主義全般が直面する問題でもある。基礎付け主義は、正当化の退行を食い止める基礎的な信念が存在し、それはそれ以上の正当化を必要としないと主張する。しかしそれ自身によって正当化される信念などあるのだろうか。その最も典型的な候補としては、今私の視界に映る色や形などといった感覚経験が挙げられるだろう。確かにそうした感覚与件（sense data）は、例えば「私は今パソコンのスクリーンに向かっている」という信念の根拠になりそうだ。しかし正当化とはあくまで命題間の推論関係なので、そのためにはこの感覚与件は一定の命題的な内容、つまり「今私は黒い点を見ている」というような命題によって表される内容を持たねばならない。しかしこのように命題で表された途端、我々はこの命題の真偽を問うことができるようになる、つまり本当に私は今黒い点を見ているのか、という疑惑に答えなければならなくなる。そしてそのためには新たな根拠（例えば私の視覚は正常に働いているなどといった前提）が必要となり、よってこの信念が基礎的であるとは言えなくなってしまう。このような理由から、哲学者ウィルフリッド・セラーズは、内在主義的な基礎付け主義者が想定するような基礎的な

---

[8]　確かに、より厳密にはそれは主体の「起こりやすさ」についての信念から事象についての信念の度合いを正当化するものだ。それでも、ではそのような起こりやすさについての信念はいかにして正当化されるのか、という形で問題が先延ばしされるだけである。

信念（これを彼は**所与** given と呼んだ）は幻想に過ぎない、と喝破した (Sellars, 1997; 戸田山, 2002)。つまり、それ自体として経験的に正しさが担保されており、かつ他の信念を推論的に正当化できるような、そういう「いいとこ取り」ができるようなものは、信念としてであれ何か別の感覚与件としてであれ存在しない、ということだ。

　同じ問題構造が、経験ベイズにも指摘できる。つまり経験ベイズが実際の頻度ないしデータによって事前分布を設定しようとするとき、この「実際の頻度データ」は上で述べた感覚与件と同様の役割を期待されている。ベイズにおける正当化とはあくまで信念の度合いの間の確率的な関係なので、この与件（データ）によって信念の度合い（事前分布）を根拠付けるためには、まずデータは信念として与えられなければならない。しかしその途端、我々はこの「実際の頻度はしかじかである」という信念について度合いを割り当てなければならなくなる。しかしそのような信念の度合いを正当化するためには、当然尤度と事前分布が必要になり、結局退行を防ぐことができない。もちろんこれは原理的な話であって、実際の適用においてそのような退行が生じることはないだろう。それは我々が、意識的であれ無意識的であれ、主要原理を採用しているからだ。しかし主要原理は一つの宣言、すなわち頻度に合わせて設定された経験的な事前確率は基礎的であって、それ以上の確率的な正当化は求めない、という一種の取り決めであって、経験や数学によって正当化されるものではない。前述したように、だからといってそれは信頼ならない、用いてはならない、ということにはならない。必ずしも第一原理から導くことができないようなそうした「独断」も、現実の推論過程では必要であり、かつ有用でありうる。しかし経験ベイズによって推論の真理促進性を担保しようとするとき、我々はベイズ統計が拠って立つ「信念間の関係性」という枠組みの外に足を踏み出す必要がある、そしてその一歩がいかに直観的で理にかなったものに見えようとも、それを理論的に厳密な仕方で正当化することには大きな困難が伴う、ということは気に留めておくべきであろう。

3-3-4　尤度の正当化

　以上、我々は事前分布の正当化について論じてきたわけだが、ここでベイズ推論のもう一つの前提である尤度に目を向けてみよう。仮説のもとでデータが得られる確率を表す尤度は、確率プロセスについてのモデルすなわち確率種の想定に依存する。前章 2-3 節で見たように、確率種／分布族を確定するということは、データの確率を分布のパラメータの関数として表すということに他ならない。パラメータ θ が決まればデータ e の確率が決まる、これを条件付確率 $P(e|\theta)$ の形で表したのが尤度である。そこでも述べたように、どの確率種／尤度関数が用いられるべきかは、扱う帰納問題の性質によって変わってくる（確率種とは自然の斉一性についての我々のモデルなのだから、これは当然である）。よって扱う帰納問題に応じて、適切な確率種／尤度関数を設定するということが、帰納推論の重要な課題となる。

　しかし「適切な」とはどのような意味だろうか？　第一にはもちろん、仮定された分布族はデータの背後にある斉一性を正しく捉えている、すなわち真なる分布に一致ないしそれを十分に近似できなければならないだろう。パラメトリック統計の枠内に留まる限り、我々は仮定された分布族のパラメータ（ないしその事後分布）という形でしか斉一性について知ることはできないのであるから、まずこの大本である分布族が対象を十全にモデル化していなければならない。この要請が満たされていなかったら、つまり尤度関数が実際のデータ生成プロセスとは似ても似つかなかったらどうなるのか。実はその場合でも、ある弱い前提さえおけば、ベイズ流の更新プロセスは最終的に真理へと到達しうる、ということが示されうる (Earman, 1992, pp.144-149)。間違った前提のもとでも真理に到達できるというこの結果は確かに驚くべきものである。しかしここには裏がある。確かに無限回試行を繰り返せば真理に到達するという保証はあるのだが、我々はそのために必要なデータの数や、収束率については全く知ることができない。つまり前章で紹介した収束定理と異なり、どれだけ数を重ねればどれだけ真理に漸近できるか、ということすらわからないのである。こうした事情から、有限なデータから帰納推論を行うという現実的な目的にとっ

てはこの保証はあまり役に立たず、正しい確率種を設定するということの重要性が減じることはないのである。

　では実際の現場において、正しい確率種／尤度関数が選ばれているという保証はいかにして得られるのか。端的に言ってしまえば、我々のモデルが自然の斉一性を正しく捉えているということをアプリオリに保証する術は存在せず、それは常に得られたデータと照らし合わせて事後的に判断するしかない。仮定した確率種／尤度関数が実際のデータ生成プロセスに合致しているかどうか検証することを、**モデルチェック**という。これには大きく分けて二通りの方法が考えられる。一つはベイズ定理を適用する前に、与えられたデータが実際に仮定された分布族、例えば正規分布に従っているかを確かめる方法（正規性の検定等）。もう一つは実際に推論を行った後で、そこから得られる事後予測分布（本章2-3節参照）と、得られたデータがどの程度合致するかを比較する方法である。これらのチェックの結果、もしデータが特定の分布族や事後予測に合致していないと判明すれば、モデルの仮定を誤りとして退けることができるだろう。ここで注意すべきは、これらのチェック自体は、ベイズ推定の前あるいは後に行われるべきことであり、ベイズ的な確率計算によってなされるものではない、ということだ。分布や事後分布の検証は、後述する検定や、実際に分布の形状や統計量を目視することで行われることが一般的である。これは信念の間の確率的な帰結関係を計算するベイズ推論とは異質の営みであり、実際、我々はモデルチェックの結果を信念の度合いとして、つまり何らかの事後確率の形で（例えばモデルの想定が正しいという主観確率はこれこれである、という形で）得るわけではない。むしろそれは、ある仮説（統計モデル）から引き出される結論（事後予測分布）が現実のデータと合致しているかを確かめることで仮説の良し悪しを判断する仮説演繹的な推論であり、その点において次章で扱う古典的検定理論の枠組みに近い考え方であるとも言える (Gelman and Shalizi, 2012)[9]。

---

[9] しかし実際には多くの場合、モデルチェックはより素朴な「結果とデータとの照らし合わせ」で済まされることが多い。また場合によっては有意検定的に p 値を計算することも可能ではあるが、その場合でも単一仮説

　仮説演繹法（hypothetico-deductive method）とは、ある仮説 H とそこから引き出される予測 $H \supset E$ がある時、その予測が現実に成り立つかどうかで仮説の真偽を判定する方法である。特にもし予測とは異なる観測 $\neg E$ が得られたのであれば、我々は仮説を反証（$\neg H$）することができる。しかしもし前提が複数の仮説の連言からなる場合、そう簡単にはいかない。というのもその場合、複数の仮説のうちのどれが誤りであるのかを決める原理的な手立ては存在しないからだ。これを一般的に述べたのが有名な**デュエム-クワイン・テーゼ**である。これによれば、科学理論は複数の補助仮説と組み合わされることで初めて具体的な予測を立てるため、仮にその予測が誤っていたとしても、単純に大本の理論が誤りだと結論することはできない。むしろ補助仮説のうちのどれかが誤っていたのかもしれず、実際それをアドホックに修正することで、本体理論を救い出すことは常に可能である。20 世紀において最も影響力のある哲学者の一人であった W. V. O. クワインは、この考えを科学理論から知識一般へと広げ、およそすべての信念は単体で存在するのではなく、むしろ他の多数の信念とつながったネットワークをなしている、という**認識論的全体論**（epistemological holism）を主張した (Quine, 1951)。よって検証においても、信念単体が経験と照らし合わされるのではなく、むしろ我々の信念ネットワーク全体が経験と対峙し、そこに齟齬が見られる場合は知識体系に修正が加えられる。しかしその場合でも、このネットワークのどこが修正されるべきかを決める一意的な基準は存在せず、常に複数の可能性が存在するのである。

　モデルチェックにおいても、同様の事態が生じる。統計モデルから引き出される予測（事後予測分布）は、事前分布や尤度のみならず、IID の想定や実験や観察が正しく行われデータが正確に取られたという前提など、無数の前提の連言からの結論である。よってそれを実際に得られたデータと突き合わせることで検証されるのはそうした信念のネットワーク全体であり、そこでたとえ齟齬が生じたとしても、モデルを含む仮定のどの要素が間違っているのかを選び出

の検定となり、低い p 値を根拠に前提を退ける推論は論理的には非妥当（確率的後件否定; 3 章 2-1 節および Sober 2008 を参照）である。

す論理的な基準は存在しない。不一致の原因は、事前分布や尤度などのモデルの理論的想定にあるのかもしれないし、あるいはデータ取得プロセスの不備や計算ミスなどの理論外の要素にあるのかもしれない。分析者はこうした可能性のそれぞれを慎重に吟味し、モデルや実験・解析計画を修正していかねばならない。またその修正の正しさも何らかの外的な基準によって保証されるのではなく、ただ試行錯誤により良いモデルを求めていくほかない (Gelman and Shalizi, 2012)。科学哲学者のオットー・ノイラートは、科学的探究のこうしたあり方を「テセウスの船」の比喩によって表した。科学理論やモデルは、大海原を航海し続ける一艘の船のようなものだ。船乗りたる科学者は、経験の荒波に揉まれて傷つく船をその都度修理しつつ、航海を続ける。修繕を続ける過程で、当初の船容とは全く変わってしまうこともあるだろう。またたとえ船が大きく損傷したとしても、科学者はこの船を降りて、いわばその外側から全体をオーバーホールすることはできない。常に乗り続けたまま、なんとか航海を続けられるよう、その都度最善の結果を目指して補修していくしかない。このメタファーは、ゲルマンらが提唱する事後的な検証を繰り返すことでモデルを洗練させていくプロセスにそのまま当てはまる。彼らによれば、ベイズ統計の推論は、単に事後分布の導出で終わるものではない。むしろそのように得られたモデルを再び経験と照らし合わせて修正していく過程にこそ、統計的分析の本来の目的がある。そのような検証と修正の過程は、どうしても「場当たり的」にならざるをえない。少なくとも、手持ちの統計モデルから「降船」して、それを外的な視点で真実と比較検討することはできない。しかしそれは永遠の船乗りたる科学者の宿命なのであって、その点において、統計学者も例外ではないのである。

　ベイズ統計の実践に関するこうした新しい捉え方は、本章で描いてきたような純粋に内在主義的な認識論としてのベイズ主義の特徴付けに修正を促す。我々は上で、伝統的なベイズ主義を内在的な基礎付け主義として特徴付けた。これによるとベイズ推論の正しさは、信念間の論理的関係としてのベイズ定理の正確な適用と、その論理的推論を支える土台としての前提の正当性に基礎を持つ。こうした背景から、内在主義的認識論者が基礎的信念の正当化を示そうとして

きたのとちょうど同様に、ベイズ主義者は推論の前提である事前分布の正当性を示すことに主要な関心を向けてきた。しかしモデルチェックを重視するゲルマンらの見方と、それに対応する全体論的な認識論は、こうした基礎付け主義的な認識論とは一線を画する。というのはそこにおいてはもはや、推論の全体の責任を一手に引き受けるような「基礎的信念」は存在しないからだ。クワインが数学的対象や規則さえ我々の経験をより良く理解し予測するための道具の一つだと述べたように (Quine, 1951)、事前分布はモデルがデータに過適合（4 章参照）してしまうのを防ぐための道具（正則化デバイス）に過ぎない (Gelman and Shalizi, 2012)。 全体論的な解釈において、ベイズ推論は事前分布のみならず尤度およびその他様々な理論的・経験的前提に依存し、またモデルチェックはそうした信念のネットワーク全体を評価する。したがって我々は単に理論にとって「基礎的」とされるような前提だけでなく、データ取得プロセスやその処理などを始めとした、ベイズ統計の枠外にあるような諸々の前提も合わせて吟味しなければならない。こうした全体論的な評価は、内在的な信念の枠外に及びうる。というのもベイズ主義における「信念」の対象は、厳密に言えば、主観確率が割り振られるもととなる標本空間に含まれる要素に限られるからだ（本章 1 節参照）。一方モデルの仮定や実験の仮定、データ計測に関する種々の想定は元来こうした標本空間に含まれるものではなく、よってそれに対する「信念の度合い」としての確率が割り当てられる対象でもない。確かに、よりメタな視点から、それでもなおこうした仮定は依然として実験者や分析者の心の内に「信念」として存在するのだと強弁することは可能かもしれない。しかしそのような反論はあまり意味がない。というのも、仮にそれを認めたとしても、それは主観確率論の枠内で形式的に定義される信念、つまり確率値としてその度合いが割り当てられるような意味での信念とは異なるものなのであり、よってベイズ主義者はそうした形式的に定義された信念以外のものを考慮する必要があるという点では変わりないからである。これが意味するのは、帰納推論の全プロセスを、認識者の内なる信念とその間の論理的関係性によって完結させることはできない、ということだ。仮にベイズ定理を用いた事後分布の導出は信念

計算によってなされたとしても、計算の正当性の検証には外的な想定を参照する必要がある。このようにして、「テセウスの船」に乗り込んだ全体論的なベイズ主義者の関心は、信念以外の外的な仮定へと開かれるのである。

3-4　小括：ベイズ統計の認識論的含意

　我々は本章で、統計的手法とは特定の科学的仮説をデータから正当化するための認識論的装置であるという見通しのもと、仮説についての信念の度合いをデータや事前確率などについての手持ちの信念によって根拠付ける内在主義的な認識論として、ベイズ統計を分析してきた。証拠と妥当な推論に支えられた信念こそ知識と呼ぶにふさわしいとする内在主義は、確かに正当化についての直感の重要な側面を捉えている。しかしその一方で、そのように内面的な推論関係として捉えられた正当化概念はいかにして真理促進的でありうるのか、つまり正当化された信念が実際に正しいと考える根拠はどこにあるのか、という問題がつきまとう。これとまさに同じ問題が、古くからベイズ主義に対して向けられてきた。例えば反証主義で有名な科学哲学者のカール・ポパーは、ベイズ主義は主観的な「思いなし」の度合いを計算する心理主義に過ぎず、世界の客観的構造を探究する科学にはそぐわないと批判した (Popper, 2002)。このポパーの批判は、ベイズ的正当化の真理促進性を問題にしている。つまりいかに認識主体がベイズ定理に従い信念間の整合性を調整したとしても、それが客観的に正しいかどうかは別問題だ、ということだ。

　我々は上で、この論難に対するベイズ主義側からの二つの応答を見てきた。一つはベイズ的な正当化が本来的には主体の信念の度合いにのみ関わるということを認めた上で、複数回の観測を通じその正当化プロセスを何回も繰り返していくことで、結論の事後分布は真なる分布に近づいていくと主張する方法である。これは事前分布という前提を前もって得られた事後分布によって根拠付けていくという意味で一種の「遡行」ではあるが、多くの哲学者が信じてきたようにそうした遡行は決して真理に到達しないわけではなく、むしろ大数の法

則により無限遠点においては真理への収束が保証されている、という点がこの回答に根拠を与える。

　しかしながら、実際にこのような仕方で仮説を正当化するためには多くのデータを要するという点で、これは必ずしも現実的な選択肢ではない。データが限られている場合では、推論の前提である事前分布や尤度を何らかの仕方で正当化することが必要であり、これがもう一つの応答戦略をなす。これらの正当化は、遡行を止める基礎的な原理として、無差別の原理や主要原理などに訴えかける。あるいはベイズ推定の結果をデータと照らし合わせることで、いわば仮説演繹的な方法で事後的に前提の妥当性を確認する。これらは事前・事後という違いはあれ、推論に用いられる仮定（事前分布、尤度）がどの程度妥当であるかを、現実に得られたデータに即して測ろうとする点で共通している。しかしながらそのようにして得られる前提の「正当化」は、ベイズ統計内部における論理的帰結関係としての正当化概念とは異質のものであり、それがどのような意味において正当化となっているのかは必ずしも明らかでない。

　ここには、内在主義的な認識論が抱える本質的な困難が現れている。内在主義は、その名の通り、正当化のプロセスを主体にとって参照可能な内的リソースのみに基づけようとする。論理や確率は、そうした主体が有する信念間の推論関係を表現するための強力な手段を提供する。しかし容易に想像できる通り、こうした戦略は、いかにして内的な信念と外的な事実とを関連付けることができるのか、という問題に直面する。セラーズによる「所与の神話」批判は、信念の正当化プロセスは主体の内側における関係として完結することはできない、という内在主義が抱えるこの本質的問題を突いたものだ。同様に、ベイズ統計学が内在主義的な正当化のプロセスとして完結するとしたら、それはあくまでその前提であるところの事前分布や尤度、データなどを「所与」として扱い、それ以上の正当化を拒むことによってでしかない。しかしその場合、結果として得られる推定結果全体が実際の世界のあり方を正しく捉えているのかという問題には全く答えられないことになる。これに対し、前節で紹介したモデルチェックの考え方は、ベイズ推論を所与から結論への一方向的な演繹プロセスとして

扱うのではなく、得られた予測を再び経験と突き合わせることで、推論の妥当性を事後的にも検証しようとするものだ。こうした検証は、事前分布や尤度だけでなく、実験や観測の適切さなどといった分析に関わるすべての想定を同時に俎上に載せるため、全体論的な性格を帯びる。そして統計的分析の主眼は、そのような全体的な信念ネットワークが経験により良く適合するようその都度修繕し、改良していくことに向けられる。しかしそれは同時に、数学的に定式化された「信念」としての標本空間上の確率的関係を超えて、世界のあり方や実験・測定プロセスへの理解などといった、必ずしも厳密に定式化／定量化されない領域に足を踏み入れることを意味する。これらの異質な諸前提は帰納推論においてどのように協働するのか、そしてベイズ推論はその中でどのような役割を果たすのか。これを明らかにすることは、実践的であると同時に哲学的な課題であり、そこには主観的なモデルの仮定と客観的現実をどのように一致させるかという古くからの哲学的難問が現れているのである。

読書案内

確率の意味論についての哲学的解説は、Gillies (2000); Childers (2013); Rowbottom (2015) などが邦訳で読める（後のものほど入門的）。ベイズ統計の解説については様々なものがありここで絞り込むことは難しい。初等的な解説は前章でも紹介した三中 (2018)、より発展的な内容は間瀬 (2016); 久保 (2012) などを参照。ベイズ主義的な認識論は一般に形式認識論（formal epistemology）と呼ばれることが多い。この分野の入門的教科書としては、英語ではあるが Bradley (2015); Jeffrey (2004) がある。また抄訳されている Sober (2008) もベイズ主義に一章を割いている。より専門的なベイズ主義のモノグラムとしては Earman (1992); Howson and Urbach (2006) が古典である。ベイズ主義の歴史については McGrayne (2011) が邦訳もあり読みやすい。哲学的認識論については戸田山 (2002) および上枝 (2020) を参照。本章で扱った内在主義的認識論については、前者は批判的、後者は最近の発展も踏まえた観点から描かれており、他に代表的論者である BonJour and Sosa (2003) の解説も邦訳されている。

第 3 章

古典統計

　本章では古典統計、特にそのうちの検定理論に焦点を当てる。仮説検定の考え方は 1 章で紹介したカール・ピアソンのうちにすでに萌芽が見られるが、それを理論的に完成させたのは「現代統計学の父」と称されるロナルド・フィッシャー、そしてその後に続くジャジー・ネイマンやカールの子、エゴン・ピアソンである。彼らの精力的な仕事により、古典統計はその名が示す通り推測統計学における本流となり、20 世紀後半の計算機能力の向上にともなってベイズ統計が台頭するまでは、統計と言えば古典統計のことを指していたと言っても過言ではないだろう。現在においても、「統計的に有意」や「p 値」などの古典統計にまつわる用語は、科学コミュニティを超えて広く一般に知られている。しかしながら、それらの正確な意味、また古典統計の考え方は、十分に理解されているとは言い難い。その一つの理由として、データに基づく信念の改定というベイズ流の考え方がそれなりに直観にそぐうものであるのに対し、古典統計の核となる検定のロジックはやや込み入っており、直感的に理解しにくいという事情があるかもしれない。

　確かにベイズ統計も古典統計も、ともに推測統計の一部として、観測されたデータをもとにその背後にある確率モデルについて知ろうとするという点では一致しているのだが、その内実は以下の二点において大きく異なっている。まず第一に、両者においては、統計的推論の土台である「確率」の意味合いが異なる。すでに見たように、ベイズ主義では確率は主観的な信念の度合いを測るものであったが、古典統計では事象の相対頻度として客観的に定められる。 第二に、両者は、帰納推論についての全く異なった考え方に根ざしている。ベイズ

統計では、帰納推論とはデータに基づいて確率モデルについての信念を調整していくことであった。一方、古典的な検定理論ではまずはじめに確率モデルについて何らかの仮説を立て、データに照らし合わせてその仮説を棄却ないし保持することを通じて確率モデルに肉薄していく。つまりベイズ統計と古典統計は、単に方法上の違いというよりも、何を以て推論とみなすか、すなわち帰納推論とはそもそもどのような推論なのかという点で相違する、いわば異なった認識論なのである。本章ではこうした観点から、まず古典統計で用いられる確率の意味を確認した上で、その具体的方法論と認識論的な含意を見ていこう。

1　頻度主義の意味論

　確率についての最も馴染み深い考え方は、確率とは物事が起こる頻度を表している、というものだろう。例えばあるコインの表が出る確率が 1/2 であるということは、それを繰り返し投げたとき、表と裏の比がちょうど 1 対 1 になるということだ。**頻度主義**（frequentism）によれば、確率とは、まさにこうした事象の相対頻度、すなわち一定の試行を繰り返し行った際にその事象が生じる回数を、試行全体の回数で割ったものに他ならない。しかしこの考えはそれだけではうまくいかない。というのも実際の試行は常に有限だが、有限の系列が一定の頻度に定まることはほぼないからだ。例えば公正なコインを 100 回投げて、そのうち表が出た回数を記録していったとしても、その割合が 50 回ちょうどになることはほとんどない。しかも次に 100 回投げれば、相対頻度はまた違った値になるだろう。だとすると、同じコインを投げるという試行の確率が一つに定まらないという困ったことになってしまう。これへの対策は、試行を有限な系列から無限な系列へと拡張する、ということだ。確かに、有限の系列であれば事象の相対頻度は揺れ動くだろう。しかしそれを無限に続けたとしたら、頻度は一つの値へと収束していくはずだ。確率とは、その無限系列の収束値によって定義される。図 3.1 は、これを確かめるために私が手持ちのコイン

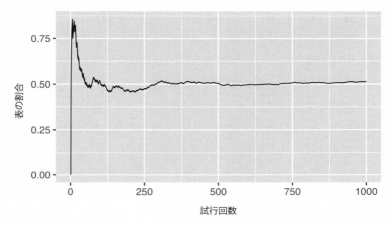

図 3.1　コイン投げのシミュレーション。回数が増えるにつれ、表の相対頻度が 1/2 に近づいていっていることがわかる。

をひたすら投げ続けた結果を示している。というのは嘘で、これはその過程をコンピュータ上でシミュレートしたものなのだが、これを見る限り、試行の回数が増えるに従って、表の相対頻度は 1/2 へと近づいていっていることがわかる。よってこの場合、公正なコイン投げ（あるいはそのシミュレーション）で表が出る確率は 1/2 である、と定義することができる。

　以上のアイデアを 1 章で定義した確率モデルに乗せてみよう。コイン投げなどの一つ一つの結果は標本空間 Ω の要素、「表である」などといった事象は Ω 上の関数である確率変数によって表されるのであった。1 回のコイン投げを $\omega \in \Omega$ とすると我々が問題にしているのはコイン投げの系列 $C_n = \{\omega_1, \omega_2, \dots, \omega_n\}$ である（これを「集まり（collective）」と呼ぶ）。i 回目の試行 ω_i が表だったという結果を確率変数 $H(\omega_i) = 1$ で表すとすると、$H = 1$ は表が出た試行全体を表す[1]。ここで表の確率は試行回数 n を無限にまで増やしたときの極限

$$P(H = 1) = \lim_{n \to \infty} \frac{|H = 1 \cap C_n|}{|C_n|}$$

---

[1] $H = 1$ は確率変数 H の逆像であるような Ω 上の部分集合 $\{\omega \in \Omega : H(\omega) = 1\}$ と定義されたことを思い出そう。

94

によって定義される。ただし $|A|$ は集合 A に属する要素の数（濃度）を表す。つまり表の確率とは、試行を無限に続けていった際に、系列 C_n に含まれる表の数を試行全体の数で割ったものである。このように定義された確率が確率の公理を満たすことは容易に確認できる。任意の事象 A の相対頻度は常に 0 以上 1 以下なので、$0 \leq P(A) \leq 1$ となり公理 1 は自明に成り立つ。また全事象 Ω を考えたとき、右辺の分子は $|\Omega \cap C_n| = |C_n|$ となり、極限 $n \to \infty$ において $P(\Omega) = |C_n|/|C_n| = 1$ より公理 2 が示される。最後に、A と B が互いに背反だとすると、$|A \cap C_n|/|C_n| + |B \cap C_n|/|C_n| = |(A \cup B) \cap C_n|/|C_n|$ が成り立ち、この極限をとると公理 3 の単純なケース $P(A \cup B) = P(A) + P(B)$ が確認できる[2]。

　頻度主義の利点は、確率を頻度という客観的に直接観測できるものによって定義できる、ということである。主観説では、確率は個々人の主観的な信念に基づくため、それが確率の公理に整合的である限り、一つ一つの事象の確率にどのような値を与えるかは個人の自由であり、よってそれが個人間で一致しているという保証は一切なかった。一方、確率を頻度という原則として誰にでも観測できる実験結果に基づいて定義すれば、その値は現実世界に即して一意的に決定できる。頻度主義者は、この客観性・公共性を、自説の大きな利点とみなす。しかしながら、この点には若干の留保がつく。というのも、頻度主義的な確率は実際の相対頻度ではなく、あくまで無限に試行を繰り返したときの極限値としてのみ与えられるからだ。そのような無限の試行は我々には決して観測しえないのだから、その結果もあくまで仮定的なもの（「仮に試行を無限に続けていたとしたら収束するであろう値」）に留まらざるをえない。さらにこのことは、有限な試行結果からそうした無限回の結果について判断を下すことはいかにして可能か、という難問を惹起する。例えば図 3.1 では試行が続くにつれ表の相対頻度は 1/2 に近づく、と述べたが、なぜそう言えるのか。実のところそのように断言できる根拠は、少なくともこれまでの相対頻度が 1/2 に近づい

---

[2] ただしこの項を無限にした場合に完全加法性が成立するかについては事態は単純ではない。この点については、Gillies (2000, 邦訳 177-9 頁) を参照。

ていっている、という事実の内には全く存しない。ひょっとしたら 1001 回以
降、突然裏だけが出るようになって、相対頻度は 0 に収縮していくかもしれな
い。回数を増やしても問題は同じである。トレンドの転換点は 1 万回目かもし
れないし、1 億、あるいは 1 兆回目かもしれない。頻度主義を定式化したフォ
ン・ミーゼスは、これに対処するため、確率を定義する素材とした「集まり」
はランダムでなければならない、という条件を付した。n 回目の前後でトレン
ドが変わってしまうような試行は、確かにランダムとは言えないだろう。もち
ろんここには、ではランダム性とは何か、という大変に厄介であるとともにま
た興味深い問題が口を開けているのだが、これ以上の分析は他書 (Gillies, 2000;
Childers, 2013) に譲り、ここで深入りすることはしないでおこう。

　頻度主義の重要な特徴は、確率は上で見たような「集まり」に対してのみに付
すことができる、ということである。これは複数の含意を持つ。一つ目は、原
則として何回も繰り返し観測することができないようなもの、例えば地球上で
1 回しか生じえないような事象には、頻度的な意味での確率を付与することは
できない、ということである。例えば主観解釈であれば、「6600 万年前に地球に
隕石が衝突して恐竜が絶滅した」とか「2050 年 1 月 1 日の京都は晴れである」
とかいったような事象にも確率、すなわち信念の度合いを付与することは十分
可能である（単にそうした事象をもとにした賭けを構成すればよい）。しかし頻
度主義においては、そのような単一事象の確率を考えることはできない。とい
うのも上述のような事象の相対頻度を考えるためには、我々は複数回（理論的
には無限回）地球の歴史が繰り返された結果を考えなければならないが、その
ような想定は客観的な意味をなさないからである。

　第二に、たとえ複数回、ひいては無限回繰り返しうるような事象であっても、
その事象の 1 回 1 回、ないし 1 例 1 例について確率の意味を考えることはできな
い。例えば「このコインを投げて表が出る確率は 1/2 である」ということは意
味をなすが、「今、このコインを投げて表が出るという確率は 1/2 である」とい
うような言明は厳密に言えば頻度主義の語法に違反している。というのも、ま
さに今このコインを投げるという事象は 1 回限りの出来事であり、それについ

て頻度を考慮することはできないからだ。もし頻度を考えることができるとしたら、それはその出来事が無限のコイン投げ系列という「集まり」の要素として見られた限りである。そしてその場合でも頻度はあくまでその「集まり」の性質として定義されるのであって、個別的な要素の性質としてではない。1回1回のコイン投げに固有の「頻度」なるものがあり、それらが合算されて系列全体の相対頻度が定義される、というような考え方は間違いである。つまり哲学的な用語を用いれば、頻度確率はタイプに対して定義されるのであって、それを具体的なトークンにスライドさせて適用するのはカテゴリーミステイクなのである[3]。

　そして最後の、統計的推論の実践においてより重要な含意は、頻度主義では一般に「仮説の確率」という概念が意味をなさない、ということである。わかりやすい例として、一般相対性理論という科学的仮説をとりあげよう。この仮説が正しい確率というようなものを考えることができるだろうか？　それを頻度主義の枠組みで意味付けようとすれば、我々はまず世界の「集まり」を考え、そのうち何割の世界で相対論が正しいのかを考えなければならない。これは荒唐無稽な考えだし、そもそもそのような「集まり」は我々には決して観測できない。我々が観測できるのはこの世界ただ一つ、そしてこの世界では相対論が正しいか正しくないかはすでに決まっているので、そこに割合などという考えが入り込む余地はない。他の科学的仮説でも事情は同様である。「喫煙は肺がんの原因である」、「この壺からあたりくじが出る確率は半々である」、このような仮説は他でもないこの世界の（一部の）あり方について述べたものであり、我々が知る知らないに関わらず、それは世界の側ですでに定まっている。科学的仮説とはそのように決まった仕方で存在する客観的世界を描写したものであり、よってその確率／頻度を考えるのは、頻度主義の観点からはナンセンスなので

---

[3]　もちろん、1章で見たように、数学的な測度としての確率関数は単一の事象にも値を割り当てる。しかし頻度主義においてはそれはあくまで数学的な構築物でしかなく、それ自体に現実的・客観的な意味を持たない。確率値が現実世界に対応した意味を持つのは、あくまである確率分布と、一定の「集まり」のもとにおいてである。この意味で、頻度主義的解釈においては、存在論的には確率関数がより根源的だが、意味論的には確率分布のほうがより根源的だと言っても良いだろう。

ある。

　したがって、頻度主義的な確率解釈をとる古典統計では、ベイズ統計のように、データに基づいて確率モデルに関する仮説の確率／信念の度合いを更新していく、というような手続きは意味をなさない、ということになる。頻度主義的な確率の意味論は、全く異なった認識論を要請する。それを端的に示すのが、仮説検定の考え方である。仮説検定では、世界についての何らかの仮説を立て、その仮説がデータと一致するかどうかを見る。そしてその適合具合に応じて仮説を棄却するか、保持するかを決める。そうした判断は当然、誤りうる。しかし一定の前提を立てれば、ある検定がどの程度の割合で誤り、どの程度の割合で正しい答えを返してくれるのか、すなわちその長期的なエラー率を計算することはできる。古典統計では、このエラー率ができるだけ小さくなるような検定を求め、その結果に準ずることで確率モデルについて判断を下す。以下では、その詳細について見ていこう。

2　検定の考え方

2-1　蓋然的仮説の反証

　仮説検定の基本的なアイデアは、ポパーの反証主義の考え方に近いところがある。前述のようにポパーは、ベイズ的な信念の更新としての帰納推論は心理主義的であり、客観的な科学の方法論にはふさわしくないと考えた。対案として彼が提唱したのが、**反証主義**（falsificationism）である。これによれば、科学は仮説の提案、検証、棄却、より良い仮説の提案、というサイクルを通じて進んでいく。まず科学者は、ある現象についての仮説を立てる。次に、その仮説から導き出される予測を、実際に観測されたデータと突き合わせることで仮説を検証する。もし予測とデータが一致しない場合、科学者は当該仮説を誤りとして棄却し、より良い仮説の探究に向かうことになる。では、予測が成功した

場合はどうだろうか。この場合でも、仮説は正しかったと喜んではいけない。というのも、ある仮説の論理的帰結が正しいからといって、その仮説自体が正しいと判断するのは、いわゆる後件肯定の誤謬を犯すことになるからだ。実際のところ、我々が言えるのは、当該仮説は今回のテストを生き延びた、ということだけに過ぎない。今回は大丈夫だったが、次のテストではだめかもしれない。よって科学者がすべきことは、仮説からさらなる帰結を引き出し、それを新たなデータと突き合わせることで再び仮説を検証にかけることである。もちろん、このテストに通ったとしても、仮説の正しさが認められるわけではない。仮説は常に、暫定的に保持されている「仮設」に留まる。それが真理に到達する保証はどこにもないし、到達したとして我々が知る由もない。しかし少なくとも、このサバイバルゲームを繰り返すことで、明確に誤った仮説を排除することはできる。ポパーはこのように、科学を真理に漸近していくプロセスではなく、むしろ誤りをシステマティックな仕方で退けていくプロセスとして描き出した。

　我々は上で、予測の正しさから仮説の正しさを推論するのは後件肯定の誤りであると指摘した。一方、予測の誤りから仮説の誤りを結論する反証主義のプロセスは、後件否定（modus tollens）と呼ばれ、こちらの方は論理的に妥当な推論である。実際、それは前章で見た仮説演繹法と本質的に同一であり、仮説 H から予測 E が帰結する（$H \supset E$）、予測 E が成立しない（$\neg E$）という二つの前提から、仮説は偽である（$\neg H$）という結論を論理的に引き出すことができる。しかしこれはあくまで、仮説が予測を論理的に含意する場合である。つまり、もしその仮説が正しいのであれば、予測された事態は例外なく成立しなければならない。そのときに限り、我々は予測の誤りから仮説の誤りを論理的に帰結することができる。しかし実際の科学的仮説が、このような絶対的な予測を行うことはほとんどないと言ってよいだろう。例えば「喫煙は肺がんの原因である」という仮説は、タバコを吸うと絶対に肺がんになる、と言っているわけではない。単に、他のすべての条件が同じであれば、吸わない場合に比べ罹患率が高くなる、という蓋然的な主張を述べているに過ぎない。そしてひとた

び仮説からの予測が蓋然的になると、上述の後件否定の論証を適用することは
できなくなる。例えば、天寿を全うしたヘビースモーカーは何人もいるだろう
が、上述のがん仮説はそうした人の存在によって反証されるわけではない。一
般的に、ある仮説のもとで非常に起こりにくいとされるような事態が観測され
たからといって、直ちにその仮説が誤りであると結論することはできない[4]。

　これを確かめるために、前章で見た壺くじの例を再び考えてみよう。あなた
は、今日の壺は B、つまり 30% の確率であたりくじを含む壺ではないかと考え
ているとしよう。前の人 3 人がくじを引いたところ、すべてあたりだった。B
の壺から 3 回連続であたりが出る確率は $(3/10)^3 = 0.027$ 、すなわちそれは 100
回に 3 回もないような非常に稀な結果だと言える。この結果、すなわち目の前
の壺が B であるという仮説によれば非常に起こりにくい出来事が起こったとい
う結果から、この仮説を退けるべきだろうか。もちろん、それは早計だろう。と
いうのも我々の想定から、壺は A か B のどちらかなのであり、A の壺は B より
もさらにあたり確率が低い（10%）のだから、3 回連続であたりが出たという事
態は、壺が B であるという仮説を支持こそすれ、それを退けるようなものでは
ないからだ。

　ここから引き出すべき教訓は二つある。一つは、どのような仮説であっても、
それが蓋然的である限り、そのもとで特定のデータが得られる確率、すなわち
その尤度は非常に低くなりえる、ということである。実際、すべての試行が独
立なのであれば、得られたデータ系列全体の確率は 1 回 1 回の試行の確率の積
になるが、確率は必ず 1 未満なので、それをかけ続けることで系列全体の確率
は標本数が増すにつれどんどん小さくなっていく。したがってある仮説の尤度
が低いという事実それ自体は、その仮説に対する反証でも確証でもない。第二
に、仮説の尤度をもってその真偽を判断するためには、その仮説が偽であった
としたらどうか、ということも含めて考慮しなければならない。上の例におい
て、3 回連続あたりという結果を壺 B 仮説を支持する証拠だとみなすのは、壺

---

[4] また前章の基準率の誤謬のところで確認したように、主観確率の枠内で考えても、その仮説が確からしく
ないと結論することもできない。

BでないとしたらAであり、その場合はあたりの確率はさらに低い、ということが前提されているからである。もし仮に、もう一つの可能性は壺Cであり、それには50%の割合であたりが含まれていると我々が想定しているのであれば、同じ結果は今度は壺B仮説を退ける根拠になりえただろう。このように、もし蓋然的な仮説をテストしたいのであれば、我々は単にその仮説の尤度のみに注目するのではなく、その仮説が誤りであった場合に同じ結果が得られる確率、すなわち対立仮説の尤度も合わせて考えなければならない。

2-2　仮説検定の考え方

　古典統計理論の中核であるネイマンとピアソンの仮説検定では、上述の点を踏まえ、蓋然的な仮説と、その対抗馬をなす別の仮説とを対にして検定を行う。我々が関心を持ち、検定によって真偽を判定したいと考えている仮説を**帰無仮説**（null hypothesis）と呼び、一般に H_0 で表す。帰無仮説と対をなすもう一方の仮説は**対立仮説**（alternative hypothesis）と呼ばれ、H_1 と表す。検定の目的は、得られたデータに照らし合わせて、帰無仮説を棄却するべきなのか、あるいはそれを棄却せずに保持すべきなのかを決定することである。仮説検定はこの決定を、データに対するこの二種の仮説の尤度を比較することで行う。

　例を用いて具体的に説明していこう。ある国で発行されているコインは、縁が丸まっているので、立てようとしてもどちらかに倒れてしまう。肉眼では見分けはつかないが、実はこの丸み処理は均等ではなく、投げると基本的に1/4の確率で表が上に出るようになっている。しかし初期に生産されたコインのごく一部は、製造機の不具合から表裏が逆にプレスされており、結果として3/4の確率で表が出る。このエラーコインは大変レアで、コレクター市場ではかなりの値が付くそうだ。さて、あなたがある日蚤の市に行くと、このコインを扱っている店が出ていた。もしこれが本物だとしたら、かなりお値打ちな値段である。しかしどうにも確信がもてないので、投げて確かめさせて欲しいと店主に掛け合った結果、傷がつくから10回までなら試して良いと言われた。そこであ

なたは、仮説検定を行ってコインを買うか買わないかを決めることにする。コインが偽物である（エラーコインでない）という仮説を我々が退けたい仮説すなわち帰無仮説とすると、当然、表の出る回数が多いほど、この帰無仮説を退ける根拠となるだろう。では具体的に 10 回中表が何回以上であれば、あなたは帰無仮説を棄却し、コインが本物だと判断するべきだろうか。

この閾値、すなわち得られたデータがその範囲に入ったら帰無仮説を棄却する、と事前に取り決めた範囲を**棄却域**（critical region）と呼ぶ。検定をどのように行うかを決めるということは、畢竟、この棄却域を設定することに他ならない。その上でまず確認しておきたいのは、この棄却域をどのように設定しようとも、仮説が蓋然的である限り、検定結果には間違いの可能性がつきまとう、ということである。ここには二種類の誤りの可能性がある：

第一種の誤り（type I error）　帰無仮説が真であるにも関わらず、それを誤って棄却してしまう（偽陽性）

第二種の誤り（type II error）　帰無仮説が偽であるにも関わらず、それを棄却しそこなう（偽陰性）

現在の例で言えば、第一種の誤りは店主に担がれて偽のコインを掴まされること、第二種の誤りは本物のエラーコインを安値で手に入れるチャンスを逃すことに対応する。検定が第一種の誤りを犯す確率を α 、第二種の誤りを犯す確率を β とする。棄却域をどのように設定するかによって、これらの誤りの確率も変わってくる。検定理論の目的は、これらの誤りの確率をできるだけ低く抑えるような仕方で、棄却域を設定することである。

2-3　検定の構成

では、具体的にその方法を見ていこう。1 章で見たように、10 回コインを投げて表が出る回数は二項分布に従い、そのパラメータは表が出る確率 θ である。エラーコインではないという帰無仮説は $H_0 : \theta = 0.25$、正真正銘のレアもので

あるという対立仮説は $H_1 : \theta = 0.75$ と表せる。この想定のもと、まず第一種の誤り α を計算してみよう。第一種の誤りとは帰無仮説が正しいときにそれを棄却する確率なのだから、H_0 が真だと仮定し、そのもとで x 回表が出る確率、すなわち仮説の尤度を求める。これを $P(X = x; H_0)$ と表そう[5]。$\theta = 0.25, n = 10$ の二項分布より

$$P(X = x; H_0) = {}_{10}\mathrm{C}_x (0.25)^x (0.75)^{10-x}$$

となり、この確率を 0 から 10 回までの表の回数で計算したものが図 3.2 の上の棒グラフによって示されている。さて、我々はある閾値 x' を決め、表の回数がそれ以上であれば H_0 を棄却するような検定を考えているのであった。図 3.2 上半分は H_0 が正しい場合の表の回数の確率を示しているのであるから、そのような検定が誤って判断する確率、すなわち第一種の誤りの確率 α は、閾値 x' より右側の確率値をすべて足すことで求められる。これを踏まえ、以下の三つの検定を考えてみる：

A. いま $x' = 10$、すなわち全部が表だったときだけ H_0 を棄却すると決めたとしよう。すると $P(X \geq 10; H_0) = 0.00000095$ より、この検定が第一種の誤りを犯すのはせいぜい 100 万回に 1 回ということになる。

B. 条件を緩め、6 回以上表が出たら H_0 を棄却する検定を考えると、第一種の誤りの確率は $P(X \geq 6; H_0) \sim 0.020$ すなわち 2%となる。

C. 最後に、半分以上表が出たら H_0 を棄却する検定の第一種の誤りの確率は $P(X \geq 5; H_0) \sim 0.078$ すなわち 8%弱に上がる。

このように棄却域をどう設定するか／どの検定を用いるかにより、正しい帰無仮説を誤って棄却してしまう第一種の誤りの確率 α が変わってくる。一般にこの確率を**有意水準**（significance level）と呼ぶ。有意水準が低い検定ほど（α

---

[5] ベイズ統計では尤度は仮説のもとでの条件付確率 $P(X = x | H_0)$ と表された。しかし前節で述べた理由により、頻度主義において仮説 H_0, H_1 は確率変数ではないので、そのもとで条件付けることはできない。むしろ頻度主義の仮説はそれぞれ異なる確率分布によって表現されるのであり、よってここでの $P(X = x; H_0)$ は精確には「H_0 で添字付けられた確率関数 P_{H_0} による $X = x$ の確率」という意味である。

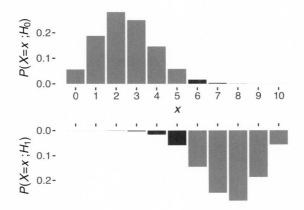

図 3.2　帰無仮説 $H_0 : \theta = 0.25$ vs. 対立仮説 $H_1 : \theta = 0.75$ の検定。上下の棒グラフはそれぞれ H_0（上）、H_1（下）が真だと仮定したときに表が x 回出る確率を示している。例として、6 回以上表が出た場合に H_0 を棄却するような検定（本文の B）の誤りの確率を濃部分で示している（上側の濃部分の合計が第一種の誤りの確率 α、下の濃部分の合計が第二種の誤りの確率 β）。

が低いほど）、偶然に H_0 を棄却してしまう可能性は低くなるわけで、その意味でその棄却結果はより有意である（significant）と言える。

　では我々は有意水準が最も低いもの、上でいったら 1 番目の検定 A を採用すべきかというと、必ずしもそうではない。というのもこのように偽陽性を抑えようとすると、今度は逆に偽陰性、すなわち帰無仮説が実際に偽であるときにそれを棄却しそこねる第二種の誤りのリスクが上がってしまうからだ。そこで次に、この確率を求めよう。第二種の誤りとは、本当は対立仮説 H_1 が正しいのにそれを見逃してしまうということだから、ここでは $H_1 : \theta = 0.75$ が真だと仮定する。すると我々はコイン投げの結果 X について、上で与えた分布とは異なる確率分布を考えていることになる。この対立仮説のもとで x 回表が出る確率を $P(X = x; H_1)$ と表記しよう。これは $\theta = 0.75, n = 10$ の二項分布に従うので、

$$P(X = x; H_1) = {}_{10}\mathrm{C}_x (0.75)^x (0.25)^{10-x}$$

となり、この分布は図 3.2 の下側の棒グラフによって示される。

さて我々は上で、表の回数が x' 回以上のときに帰無仮説を棄却すると取り決めたのだった。逆に言えば、それが x' 未満のときは棄却できない。図 3.2 の下半分は対立仮説が正しい、すなわち本来なら帰無仮説を棄却すべきときの分布を示しているのであるから、そのような検定が第二種の誤りを犯す確率 β は、この図において閾値 x' より左側にくる確率値を足し合わせることで求められる。これを前述した三つの検定について計算してみると

A. 閾値 $x' = 10$、すなわち全部が表だったときだけ H_0 を棄却する検定の第二種の誤りの確率 β は、$P(X < 10; H_1) \sim 0.944$、すなわち 100 回中 95 回ほど。

B. 6 回以上表が出たら H_0 を棄却する検定の場合、$\beta = P(X < 6; H_1) \sim 0.078$、すなわち 100 回中 8 回ほど。

C. 半分以上表が出たら H_0 を棄却する検定の場合、$\beta = P(X < 5; H_1) \sim 0.020$、すなわち 100 回中 2 回。

以上からわかることは、第一種の誤りと第二種の誤りはお互いにトレードオフの関係にある、ということだ。閾値を 10 回に設定することで偽陽性を極力絞った慎重な検定は、実際に帰無仮説を棄却すべきケースをほとんど見逃してしまう。一方で、閾値を 5 回に緩めると、帰無仮説が誤っていたときにそれを良く検出できるが、しかし逆に正しいときに誤って棄却してしまうリスクも高まる。このトレードオフは、図 3.2 において棄却域を右にずらすと下部の第二種の誤りが増加し、左にずらすと上部の第一種の誤りが増加してしまうことからも容易にわかる。

有意水準 α が正しい H_0 を棄却してしまう第一種の誤りの確率を示しているとすれば、$1 - \alpha$ は検定の厳しさ、つまり H_1 が偽であるときそれをどれくらいの確率で見抜けるか、を表している。これを検定の**信頼係数**（confidence coefficient）という。一方、第二種の誤りの確率 β は、本当は H_1 が正しいのにそれを見逃してしまう確率であるから、$1 - \beta$ は逆にそれを見逃さない確率、すな

わち検定の**検出力**（power）を表している。通常、我々の興味ある仮説（上の例では、コインが本物のエラーコインであるという仮説）が対立仮説として設定されるので、検出力は検定が興味ある結果をどれだけしっかり検出できるかを表している。

　以上を踏まえて、実際の検定がどう進むのかを確認してみよう。我々は最初に、有意水準を決定する。一般には有意水準は 5 %以下に設定されることが多い。これはつまり、20 回に 1 回くらいであれば誤って帰無仮説を棄却してしまっても仕方がないとしよう、ということだ。上述の通り、検定 C の有意水準は約 8 %でこれを満たさないので、検定 B を採用し、6 回以上表が出たらコインは偽物であるという帰無仮説を棄却することにする。さて、今コインを投げたところ、7 回表が出たとしよう。これは検定 B の棄却域に入っているので、帰無仮説は棄却される。　あるいはこう考えることもできる。「裏にバイアスがかかっている」という帰無仮説のもとで 7 回表が出るというのは、あまりなさそうなことだ。実際図 3.2 で計算すると、7 回以上表が出る確率は約 0.35 %である。このように、得られたデータと同等かそれ以上に極端な値が帰無仮説のもとで観測される確率を **p 値**（p-value）と呼ぶ。　直観的には、p 値は帰無仮説が正しいとしたときのデータの「ありそうになさ」を表すと考えてよい。そしてこの「ありそうになさ」が偶然によって許容される値（有意水準）より低いとき、我々は帰無仮説を棄却する。今回は検定 B を用いたので帰無仮説は 2 %の有意水準で棄却されたが、p 値が 0.35 %であるということは、そこまで低く有意水準を設定しても同様に棄却することができたであろう、ということを意味している。このように p 値は、単に帰無仮説が棄却されたか否かだけでなく、どれくらいの有意水準であれば棄却された／されなかったのか、という情報まで含んでいる。そのため科学的推論の実践では、この p 値に主たる関心が向けられることが多い。その場合は得られたデータからまず p 値を計算し、それが事前に定められた有意水準を下回るかどうかによって、帰無仮説の棄却の可否を決めることになる。

2-4 サンプルサイズ

　上の例では、10 回だけコインを投げることが許された。これが 20 回だったら、推論はどう変わっていただろうか。その場合、帰無/対立仮説の尤度は $n = 20$ とした二項分布（図 3.3）によって計算されることになる。$P(X \geq 8; H_0) \sim 0.10$ および $P(X \geq 9; H_0) \sim 0.04$ より、有意水準が 5% 以下になるのは $X \geq 9$ からなので、9 回以上表が出たときに帰無仮説を棄却する、という方針が立てられる。次にこの棄却域で第二種の誤りの確率を計算すると、$\beta = P(X < 9; H_1) \sim 0.001$ となる。コイン投げ回数が 10 回で検定 B を用いたときの第二種の誤りの確率が約 0.078、すなわち 100 回中 8 回ほどの割合で正しい対立仮説を見逃してしまうものであったことを思い起こすと、ここでの誤り率は 1000 回に 1 回と、大幅に削減されていることがわかる。ここから、検定の信頼係数と検出力を上げるためには、データを多く取れば良いということがわかる。つまりサンプルサイズが大きいほど、棄却判断で誤りを犯す確率が低くなるのである。

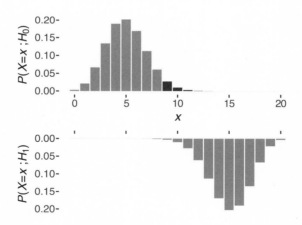

図 3.3　$n = 20$ としたときの帰無仮説 $H_0 : \theta = 0.25$ vs. 対立仮説 $H_1 : \theta = 0.75$ の検定。濃部分は、表 9 回以上を棄却域とする検定の第一/第二種の誤りの確率を表す。分布が重なりあう部分が少ない分、それぞれの誤りの確率が低く抑えられることがわかる。

3　古典統計の哲学的側面

3-1　帰納行動としての検定理論

　以上、仮説検定の手続きを概観してきたのであるが、ここで一旦立ち止まって、こうした手続きとその結果をどのように解釈したらよいのか、考えてみたい。先に、頻度主義では仮説の確率なる概念は意味をなさない、と述べたことを思い起こしてほしい。したがってベイズ主義の場合と異なり、検定もどちらの仮説が確からしいかを決定するものではない。特に、有意水準 5% で帰無仮説が棄却されたということは、その仮説が正しい確率が 5% 以下である、ということを意味しない[6]。こうした言明は、頻度主義の枠組みでは端的に無意味である。実際、こう言うと拍子抜けするかもしれないが、仮説検定それ自体は、当該仮説の真偽について、直接的には何の判断も下さない[7]（ここで「直接的には」というのがミソである。これについては後述する）。では一体、何をするのか。検定理論が目指すのは、データをもとに確率モデルに関する判断を下すためのシステマティックな規則ないしアルゴリズムを与えることである。実際、検定とはデータから帰無仮説の棄却ないし保持という二つの選択肢への関数なのであって、データが棄却域に入れば棄却、そうでなければ保持を出力する。我々はこの結果をもとに、帰無仮説を実際に棄却するかどうかを判断し、実際の行動（例えば上の例では、コインの購入）へとつなげる。その際に、我々が依拠するアルゴリズムは、より信頼性が高いものである方が望ましいことは言うまでもないだろう。ここで信頼性が高いとは、それが誤りを犯すリスクが低い、逆に言えば実際に仮説が誤っているときは棄却、正しいときは保持を出力する率が高いという意味である。上で見た信頼係数と検出力は、まさにこの正答確率という意味での検定の信頼性を測る指標である。ここでの確率は、あくまで頻

---

[6]ただしベイズ統計においても、得られるのはあくまで仮説についての信念の度合いであって、仮説自体が正しい確率ではない、ということは留意しよう。

[7]「個別的な仮説に関する限り、確率論に基づくどのような検定であっても、それだけでは当該仮説の真偽についての有益な証拠を提供することはできない。」（Neyman and Pearson, 1933, p.291）

度主義的な意味での確率であることに注意しよう。つまりそれは、同じような
状況に同じ検定を適用したときに、そのうちどれくらいの割合でそれが正しい／
正しくない答えを出すかの相対頻度を示すものである[8]。具体的には信頼係数
と検出力とは、そのような繰り返しの適用において検定が下した帰無仮説の棄
却、保持という判断のうち何%が合っているかをそれぞれ示すものである。

　つまり検定とは、一定のデータをうけて判定を下す一種の検査器具であり、検
定理論とはその検査器具の信頼性を測る理論である。そしてその理論がはじき
出す有意水準や検出力といった確率は、あくまで検査器具としての検定自身の
性質であり、その適用対象である仮説の性質（例えば「仮説の確からしさ」）や、
その個別的な適用結果である判断の性質（「判断の確からしさ」）ではない。こ
れは本章の1節で確認した、頻度主義における確率はあくまでタイプとしての
「集まり」の性質であり、1例1例のトークン的事象について確率（すなわちそ
の相対頻度）を考えることはカテゴリーミステイクである、ということと完全
にパラレルになっている。頻度主義に従えば、「このコインを投げ続けたときに
表が出る確率は1/2である」という命題は意味をなすが、「このコインを次に
投げて表が出る確率は1/2である」という命題は意味をなさない。同様に、検
定を適用し続けたときの相対的な正答率には意味があるが、その個別的な結果、
例えばそれが今まさにこの帰無仮説を棄却したという結果の正答率なるものを
考えることはできない。これが上述の、「仮説検定それ自体は当該仮説の真偽に
ついて直接的には何の判断も下さない」ということの意味である。

　こうした事情から、検定理論の生みの親の一人であるネイマンは、一般の思
惑に反して、実は統計学は帰納推論の手法を与えるものではないと考えた。ネ
イマンの考えでは、帰納推論とはあくまで、データから仮説の真偽について直接
判断を下すようなものである。しかし上で見たように、検定はこのような判断
を下さない。それが示すのはむしろ、不確実な状況下で我々が下す決断という

---

　[8]実際、データという確率変数の関数として定義される検定結果は、それ自身が2値の確率変数であり、よっ
て確率分布を持つ。信頼係数や検出力はこの確率分布のパラメータである。もととなるデータの確率が頻度主義
的に定義されるのであれば、それらも同様に頻度主義的に解釈されなければならない。

ある種の行動をガイドするための一つの指針である。ここからネイマンは、自らの理論は帰納推論ではなく、むしろ**帰納行動**（inductive behavior）についての理論として理解されるべきだと主張した。

　帰納と行為の結びつきを強調した思想家は、ネイマンが初めてではない。第1章で登場したヒュームもまた、同様の考えを持っていた。ヒュームによれば、帰納推論の正しさを理論的に保証することは決してできない。つまり、もし推論を前提から結論を妥当な仕方で引き出すことと理解するのであれば、帰納推論などというものは存在しない。それであっても、我々は帰納的に過去から未来を推論し、それに基づいて行動することをやめない。それは一種、我々の「心の癖（habit of mind）」として、度重なる経験によって我々の習慣へと刻まれた行動規則である (Hume, 1748)。その「癖」に従い、我々は一定の経験から（例えば暗雲が空を覆っているのを見ると）、ある行為へと規則的に導かれる（傘を持っていく）。たとえ暗雲が雷雨をもたらすということを理論的に正当化できないとしても、我々はそうするのである。ヒュームはこうした習慣を、我々の行為を導く「偉大な案内人」であるとした。ただしヒュームにとってこの案内人たる習慣は、経験から勝手に形成されるものであって、我々が自発的に選べるものではない。しかしもしそうした案内人が複数いて、各案内人の平均的な正答率を計算することができたらどうだろう。検定とはまさにそのような案内人、つまり一定のデータから仮説についての我々の決断を導く「習慣」なのであり、検定理論はそうした習慣の信頼性を見積もるための理論であると言える。つまりそれは「案内人の案内人」の役を買って出るのであり、これに従い我々は最も信頼性の高い案内人／習慣を選ぶことができるのである。

3-2　外在主義的認識論としての古典統計

　古典統計は推論ではなく、行動の指針を与えるための理論であるというネイマンの特徴付けはどの程度満足のいくものだろうか。それはおそらく、統計的手法に何を期待するか、ということによるだろう。最初に検定理論が広く受け

入れられたのは、大戦中のアメリカの軍需産業であった (芝村, 2004)。軍用品を受注した工場は製品ロットの抜取検査をして、不良品率が一定数を超えていればロットを破棄し、そうでなければ出荷する。もし基準を甘くして不良ロットを見逃してしまえば納入先である軍の信頼を損ねるし、また逆に厳しくし過ぎて優良ロットを破棄してしまうと会社の不利益となる。そこで生産者としては、長期的に見てそれらのリスクが最小化されるような検定方法を選ぶ必要があり、このような目的にとって古典的な検定理論はまさに好適であった。

しかし今日検定は科学的研究においても広く用いられており、それは大量生産品の品質管理とはかなり異なる文脈と目的を有している。例えば、ある新薬には効果がないという帰無仮説を有意水準 1%で棄却した研究結果に、我々は何を期待するだろうか。 おそらく我々が関心があるのは、その研究グループが長期的にどれくらい信頼できる薬を生み出すのかということではなく、むしろまさにその当該の薬が効くのか効かないのか、ということだろう。しかしネイマンの帰納行動の考え方によれば、検定はそのような個別的な仮説の成否については何も教えないのであった。では科学的研究への検定理論の適用のほとんどは、単なる手法の誤解であり、妥当性を欠いたものなのだろうか。ここで再び問題となっているのは、正当化の概念である。我々は統計的検定によって、ある科学的仮説の棄却ないし採択を正当化することを試みる。しかしそれはどのような意味での正当化なのだろうか。とりわけ、検定理論が本来的に関わるのは検定手段の長期的な信頼性であるとしたら、それはいかなる意味でその適用結果として生じる個別的な判断を正当化しうるのだろうか。以下本節では、再び哲学的認識論を導きの糸として、このギャップについて考えてみたい。

3-2-1 信頼性主義

我々は前章で、知識を正当化された真なる信念として定義した上で、その正当化についての考え方として内在主義的な認識論を紹介した。内在主義によれば、ある信念は、主体が持つ他の正当化された信念から妥当な推論によって導かれるとき、正当化されるのだった。しかしこれは正当化についての唯一の考え方

ではない。これと対をなす説として、**外在主義的**（externalist）な正当化の概念
がある。しかしそれを見る前に、この対案を動機付ける契機となった、伝統的
な正当化概念に対する一つの有名な反例を紹介しよう。それは一般に**ゲティア
問題**（Gettier problem）と呼ばれる、一見して正当化されているように見える
真なる信念であっても、直観的には知識とみなされえないようなケースを指摘
するものである (Gettier, 1963)。それは次のようなケースである[9]。私の研究室
のデスクからは、ちょうど大学の時計台が見える（そのため私は研究室に時計
をおいていない）。私は毎日、その時計が 12 時になると昼食をとりに行くこと
にしている。ある日、私が仕事を一区切りさせて窓の外を見やるとちょうど時
計が正午を指していたので、私はいつもどおり席を立った。そして実際、それ
はちょうど 12 時で、午前の授業が終えた学生たちが教室から出てくるところ
であった。しかし食事から帰ってみると、時計台の針は依然変わらず正午を指
している。というのもちょうどこの日は時計台のメンテナンスで、その間針は
ずっと正午に固定されていたのだ。さて問題は、以上の例において昼食に席を
外したとき私は「今はお昼時だ」と知っていたと言えるのだろうか、というもの
である。まず仮定より、私のその信念はその時刻において実際に正しい、真な
る信念であった。よって問題はそれが正当化されているか否かであるが、前章
で紹介した内在主義の観点からは、その信念は時計台の時計についての視覚的
な情報から正当化されていると言えそうである。なんとなれば、私は常日頃か
らその時計台で正しい時刻を確認して授業に行っているが、少なくとも私の知
覚経験に関する限りでは、そのような日々の状況とその日の状況とでは何ら変
わりがないからだ。よって内在主義の立場では、「今はお昼時だ」というその日
の私の信念は、正当化された真なる信念として、知識と判定されることになる。
しかしながら、我々の多くは、この例において私がお昼時だと知っていたとは
判断しないのではないだろうか。むしろどちらかと言えば、それは知識という
よりも、単なる偶然の一致だとみなすのではないだろうか。だとしたら、内在
主義的な正当化の定義は、我々が直観的に持つ正当化の概念とは一致しないと

---

[9] 以下の例は Gettier (1963) ではなく、それ以前に提出された Russell (1948) の同様の指摘に基づく。

いうことになる[10]。確かに、常識とそぐわないからといって、必ずしもある学説が誤りであるということにはならない。しかしながら我々は前章で、正当化には「まぐれあたり」を防ぐという動機があると指摘した。それを考慮すれば、ゲティア問題は少なくとも、内在主義的な正当化がこの「まぐれあたり」を完全には防げていない可能性を示していると言えるだろう。

　もし我々が、上のエピソードにおける私の信念はきちんと正当化されたものではないと考えるのであれば、その原因は恐らく、その信念が得られた方法に帰されるだろう。つまり私は動いている時計ではなく、止まっている時計を見て、正午だという信念を形成した。しかし止まった時計が、今何時かについての判断を正当化するとはとても思えない。というのもそれは、時間についての信頼できる情報源ではないからだ。これは正当化に関する**信頼性主義**（reliabilism）的な考え方を示唆する (Goldman, 1975)。この見方によれば、ある信念が正当化されるか否かは、それがどのようなプロセスによって形成されたのかによって決まる。もし信念形成プロセスが、誤りよりも真理をより多く生み出すという意味で信頼の置けるものなのであれば、そこから生み出された信念は正当化される。例えばあなたの友人が、コーヒーを1日3杯以上飲むと脳卒中のリスクが下がると信じていたとしよう。あなたはその真偽を確かめるために、彼女にどこでその情報を知ったのか、と尋ねる。ここで彼女が権威ある学術誌に掲載された大規模メタアナリシスの結果を情報源として挙げれば、（例えば昼のワイドショーと比べ）彼女の信念はそれなりに正当化されているとあなたは考えるのではないか。もしそうだとしたら、それは学術誌のほうがワイドショーに比べより信頼できる、つまりより正しい情報を伝えてくれる割合が高い、とあなたが考えているからだろう。その逆に、止まった時計は1日の内ほんの僅かの間しか正しい時間を指し示さず、時間情報について信頼できるプロセスとは到底言えない。それゆえそれによってもたらされた「正午である」という件の

---

[10] もう一つの考え方は、内在主義的な正当化概念を保持した上で、この事例を「正当化された真なる信念」という知識の古典的な定義への反例とみなすものである。一般にゲティア問題はこちらの文脈で捉えられることが多いが、ここではとりあえず知識の定義は不問にして、正当化概念に着目する。

日の私の信念は、たとえそれが実際に正しかったとしても、正当化されないのである。

　信頼性主義は、「正当化とは何か」という哲学的な問いに対し、前章で扱った内在主義とは全く異なった答えを与える。内在主義において、正当化とはあくまで認識主体が持つ信念間の関係性の問題、つまりそれが主体にアクセス可能な情報から妥当に推論されるかどうかの問題であった。ここでは信念が正当化されているかどうかについての最終的な責任は、すべてその主体にある。一方、信頼性主義において信念が正当化されるか否かは、その形成プロセスの信頼性といういわば客観的な事実によって決まっており、それは必ずしも主体によって認識されているとは限らない。例えば、多くの科学者から信頼されているトップジャーナルに掲載されている論文が、実はほとんどが編集者の捏造で全く再現性のないものばかりであったと想像してみよう。信頼性主義に従えば、たとえ当の編集者以外の誰一人としてその不正行為を知らなかったとしても、その学術誌から得られた信念は正当化されないということになる。つまり信頼性主義にとって、信念が正当化されるか否かは、認識者の主観的な状態だけで決まるのではなく、その外部で成立している客観的な状況（学術誌の掲載論文が公正かどうか、時計が動いているか否か）に重要な仕方で依存している。このようにある信念の正当化を左右する要素が主体の外部に存することを認める立場を、**外在主義的な認識論**（externalist epistemology）という。信頼性主義は、正当化の根拠を信念形成プロセスの客観的な信頼性に求める点において、外在主義的であると言える。

3-2-2　ノージックの追跡理論と仮説検定

　しかしある認識プロセスが信頼できるとは具体的にどのようなことなのだろうか。また、その信頼性はどのように評価されるのであろうか。これを考えるため、同じく外在主義的な認識論を擁護するロバート・ノージックの説を紹介しよう (Nozick, 1981; 戸田山, 2002)。ある認識主体 S さんが P であると信じていたとしよう。ノージックによれば、この信念が知識として認められるために

重要なのは、その信念が P であるという事実をしっかりと「追跡（track）」していることである。これは二つの反事実条件によって表される。

(N1) 　もし仮に P が真でなかったとしたら、S さんは P と信じなかっただろう。

(N2) 　もし仮に P が真だったとしたら、S さんは P と信じただろう。

言い換えれば、認識主体は P であるか否かに応じて信念を形成しており、それによって実際に P であるなら P と信じ、そうでなければそう信じないようになっている、ということだ。この条件は、上で見たゲティア的なケースを排除できる。私は止まった時計を見て時間を判断していたため、実際に正午でなかったとしても、依然として「正午である」と信じ続けただろう。よって条件 (N1)、すなわち「もし仮に正午でなかったら私は正午であると信じなかっただろう」は成立せず、それゆえノージックの定義では私が「正午である」と知っていたと認めずに済むことになる。

　歴史的にはノージックの追跡理論は、信頼性主義とは別様の知識の定義として独立に提案されたものだ。しかし我々は上の二つの反事実条件を、「信頼できるプロセス」の条件として読み替えることも可能である。というのも、ある認識プロセスが信頼できるか否かを決める重要な要件の一つは、それが実際にある事態 P が成立しているのであれば P だと判断し、そうでないなら逆の判断をするということ、すなわちノージックの言う意味で事実を追跡しているということだろうからだ。例えば、今私が青空を見ているとしよう。私は視覚という認識プロセスを通じ空が青いという判断を下す。しかしもし空が白雲で覆われていたら、あるいは日食で暗かったら、私は今の空が青いとは判断しなかっただろう。その意味において、私の視覚という認識プロセスは信頼できる。一方、私が「ド」の音を聞き、「これは『ド』だな」と判断したとしよう。しかし残念ながら私には音感がないので、もしこれが「レ」や「ソ」であったとしても同じ様に「ド」だと判断したかもしれない。つまり、私の音感は信頼できる認識プロセスではない（だから私をカラオケに誘わないでほしい）。

　　以上の議論をまとめると次のようになる。

信頼性主義的正当化　　信頼できる認識プロセスによって生み出された信念は正
　　　当化される。そしてある認識プロセスが信頼できるとは、それが上掲の
　　　反事実条件 (N1)、(N2) を満たすことで、事実をしっかりと追跡している
　　　ということである。

　これまで長々と外在主義的な正当化概念にこだわってきたのは他でもない、こ
れがまさに古典統計の検定によって仮説が「正当化される」とする我々の直観
をうまく救ってくれるように思われるからだ。まず、データに基づいて仮説に
ついての判断を下す検定は、一種の信念形成プロセスだと考えることができる。
例えばそれが「新薬には効果がない」という帰無仮説を棄却した場合、我々は
この薬は効くという信念を抱き、棄却できなかった場合には逆の信念を形成す
る。検定理論は、このプロセスの信頼性を、検定の信頼係数と検出力という指
標によって教える。信頼係数とは、対立仮説 H_1 が偽であるとき、それをどれ
くらいの確率で見抜ける（帰無仮説 H_0 を棄却しない）かを表したものだった。
よって信頼係数が大きい検定 T について、次が言える：

　(1)　もし仮に H_1 が真でなかったとしたら、T は H_1 を受け入れなかっただ
　　　　ろう。

次に検出力とは、逆に対立仮説 H_1 が正しいとき、それを見逃さない（帰無仮
説 H_0 を棄却する）確率であった。よって T の検出力が大きいとき、次が成り
立つ：

　(2)　もし仮に H_1 が真だったとしたら、T は H_1 を受け入れただろう。

つまり信頼係数と検出力は、検定という信念形成プロセスがどの程度ノージッ
クの二つの反事実条件を満たすかを示す指標だと解釈することができる。この
値がそれぞれ大きいほど、検定は我々の関心ある事実（例えば薬が効くのか効
かないのかという事実）をしっかりと「追跡」していると考えられる。ネイマン

とピアソンの検定理論は、任意の検定がこの意味において信頼できる信念形成プロセスなのかどうかを確率的に見積もる道具立てを与える。そして信頼できるプロセス／検定によって生み出された個別的な仮説についての信念ないし判断は、信頼性主義的な意味において、正当化されると言いうるのである。

3-2-3　検定による正当化と反事実条件

　上で、ノージックの二つの条件は**反事実的**（counterfactual）だと述べた。しかしそれはどのような意味だろうか。反事実条件とはその名の通り、事実とは異なる状況を思い描いて、仮にそのような状況が成り立っていたとしたらどうなっていただろうかを考える。受験英語で「If I were a bird, I would fly to you」などといった例文に出会った記憶がある人もいるかもしれないが、一般に反事実条件はこのような仮定法で表現される。この文は「私が鳥である」という、事実とは異なる状況を思い描いて、その反事実的状況下で何が起こったか（あなたのもとに飛んでいく）を述べている。しかし、こうした反事実条件文の真偽はどのように確かめるのだろうか。つまりいかなる状況のもとで、上の例文や、ノージックの二つの条件 (N1)、(N2) は真あるいは偽であると言いうるのだろうか。

　反事実条件法の真理条件を示す標準的な方法は、可能世界の概念に訴えることだ。**可能世界意味論**（possible world semantics）と呼ばれるこの方法では、我々が暮らすこの現実世界の他に、様々な可能な世界のあり方を考える。そうした可能世界には、私が鳥である世界、ワニである世界、存在しない世界、地球に衛星が四つある世界…など、ありとあらゆる可能な世界がありうる。その中で、私が鳥であるが、それ以外の点では現実世界とはあまり変わらない世界の集合を考える。そしてそうした世界のすべてにおいて「（鳥である）私があなたのもとに飛んでいった」ということが真であるならば、上の反事実条件は正しいと認められ、逆に一つでも反例となる可能世界があれば偽だとされる。ここで、「私が鳥である以外の点では現実世界とはあまり変わらない」という条件を入れるのは、あまりにも条件が違いすぎると件の反事実条件を評価する参考に

はならないからだ。例えば地球上に全く大気がないような可能世界であればた
とえ私が鳥であっても飛んでいけないだろうが、だからといって上の約束が反
故にされたとは考えないだろう。一方もしそうした条件が揃っているのにも関
わらず、他の理由で（例えば餌を採るのに忙しかったり、他の鳥にうつつを抜
かしたりして）あなたのところに飛んでいかなかったとしたら、「なんで飛んで
こないのよ！　やっぱり嘘じゃない！」ということになるだろう。だから近傍
の可能世界のすべてにおいて、「私が飛んでいった」ということが真でなければ
ならない。ノージックの条件 (N1)、(N2) の真偽も同様の仕方で判断される。つ
まり、再び止まった時計の例を取り上げれば、そこでは P が真でない、つまり
私が時計を見たのが正午ではないという点以外では大して変わらない可能世界
を考えて、そこで私が依然として正午だと信じていたかどうかを考える。想定
より、そのような近傍の可能世界ではやはり時計は動いていないから、やはり
私は正午だと信じ込むだろう。よって件の反事実条件は満たされない、と判断
されるのである。

　同じような意味で、検定による正当化もまた、反事実条件的な性格を有して
いる。というのも、頻度主義における「仮説」とは、まずもって上に述べたよ
うな可能世界の描写に他ならないからだ。可能世界が世界のあり様を命題の真
理値という論理学の用法によってモデル化したものであるとすれば、統計的仮
説は世界を確率論の言葉を使ってモデル化したものである。ある仮説（例えば
帰無仮説）は世界はこれこれであると主張し、別の仮説（対立仮説）はしかじ
かであると主張する。すなわち異なる仮説は、それぞれ異なった世界を描写し
ている。例えば一方の世界では、店主は食わせ者で偽のコインを売りつけよう
としている。他方の世界では、正直者の店主が正真正銘のエラーコインを破格
で譲ろうとしてくれている。検定の目的は、こうした可能なあり様のうち、一
体どちらの世界が我々が暮らすこの現実世界なのかを判断することだ。さて今、
実際にデータを集めて検定を行ったところ、帰無仮説が棄却されたとする。こ
の結果は、我々が暮らすこの現実世界では H_1 が真であることを示唆する。し
かしこの判断を正当化するためには、上述の反事実条件 (N1)「もし仮に H_1 が

真でなかったとしたら、H_0 を棄却しなかっただろう」が成立している必要がある。可能世界意味論の枠組みで解釈するならば、これが満たされるためには H_1 が偽（つまり H_0 が真）である以外は現実とさして変わらないような可能世界では必ず、帰無仮説 H_0 が保持される必要があろう。しかし蓋然的な仮説においてそれは不可能である。よって頻度主義者はそのような世界で検定を行ったとしたら、そのうち何割くらいで帰無仮説 H_0 が棄却されるかを考える。この確率が p 値に他ならない。そしてその確率が低い、つまりそうした可能世界の中で H_0 を誤って棄却してしまうケース数がゼロとは言わないまでも十分に小さい場合、上述の反事実条件が近似的に満たされると考え、棄却という判断が正当化されるのである。一方、帰無仮説が棄却されなかった場合は、これと対称的である。つまりその場合、H_1 が真であるような可能世界に着目し、そこで検定を行った場合どれくらい帰無仮説を棄却しそこなうか、つまりその検出力を計算することによって、条件 (N2) がどの程度満たされているかを評価し、帰無仮説の保持という判断がどの程度正当化できるかを考えることができる。

　反事実的な知識理論における正当化概念の特徴は、正当化の成否が近傍の可能世界のあり方に本質的に依存してくるということだ。これはつまり、ある信念／判断が正当化されるか否かは、単に現実世界だけからは決まらない、ということを意味する。例えばノージックの理論では、S さんの P という信念の正当性は、P でない可能世界において S さんは何を信じていたか、という反事実的な状況に依存する。同様に検定 T による帰無仮説の棄却の正当性は、H_1 でない可能世界において T は H_0 を（どれくらい）棄却していたかという反事実的な考察に依存する。可能世界のあり方が我々の現実世界の信念や判断の正当化を左右するというこの考え方は、ややもすると奇妙に感じられるかもしれない。というのも可能世界とは原理的に我々からは全くアクセス不可能で不可知なものだからだ。私が鳥になったときにどうなるか、などということを実際に確認する手立ては何も無いように思われる。しかし統計的仮説検定は、この可能世界のあり方に理論的な構造を入れることで、この一見不可能に思われる推論を可能にする。つまり、そうした可能世界は現実世界と同一の統計モデル（確率

種）を有するものの、単にそのパラメータにおいて異なるだけであると仮定することで、そうした仮定のもとで得られるであろう架空のサンプルの確率を計算することを許す。そしてこの計算によって、そうした可能世界のうち、どれくらいの割合で仮説が棄却／保持されるかを見積もることで、件の反事実条件が満たされているかどうかを判定するのである。つまり言ってしまえば頻度主義とは現実世界ではなく、むしろ可能世界のあり方を探る統計学なのだ。我々は後で、こうした頻度主義の反事実的な性格が、ベイズ主義と頻度主義の間の一つの争点において本質的な重要性を持ってくることを見るだろう。

3-3 頻度主義の認識論的問題

3-3-1 検定の真理促進性

我々は前章でベイズ主義を内在主義的な認識論として特徴付けた後、その正当化概念が「真理を促進する」という期待された役割を実際に果たしうるのか、またそのための条件は何かということを検討した。ベイズ主義においてこれが問題になるのは、ベイズ／内在主義的な正当化概念が本来的に主体の信念間の整合性に関わるものである限り、それがどのような意味で信念と客観的な事実の合致という意味での真理を保証するのかが全く明らかではなかったからであった。同様の問題は、外在主義的な認識論としての頻度主義にも生じるだろうか。つまり、信頼できる検定によって正当化された仮説についての信念は実際に正しいと期待する根拠はあるのだろうか。上で見た正当化概念の定義に従う限り、答えはイエスであるように思われる。というのもそれによれば、ある信念が正当化されるとは、それがまさに外的な事実と一致するように信念を形成するプロセスによって生み出された、ということだからだ。よって定義上トリビアルに、信頼性主義的な正当化は真理促進的である。

ではこれは、検定の信頼係数と検出力さえ高ければその結果を鵜呑みにして良い、ということを意味するのだろうか。確かに統計的検定の実際の使用においては、低い p 値は対立仮説の正しさに統計的な証明を与えるものとして無批

判的に受け入れられることが少なくない。しかし近年、このように有意な検定結果を至上命題としそれのみによって科学的仮説の成否を判断する傾向は、アメリカ統計学会が発表した p 値の誤用に関する問題提起を皮切りに、様々なところで問題視されている (Wasserstein and Lazar, 2016)。 これらの指摘によれば、現在科学で使用されている検定の多くには手法上の誤用や結果の誤った解釈が見られ（**p 値問題**; p-value problem）、またそのような杜撰な検定をパスした仮説が学術誌等に掲載され続けた結果、多くの研究結果がその後の再試験によって再現されないという**再現性の危機**（replication crisis）が生じている。

　これらの批判で問題となっているのは、実際の検定の使用における、その頻度主義・外在主義的な正当化概念についての誤用や誤解である。問題とされる検定の使用は、単にある帰無仮説が有意で棄却されたか否かという検定の結果のみに注目し、それがどのようなプロセスであるかということに注意を払わない。しかし上で見たように、頻度主義の正当化はあくまでプロセスの信頼性に由来するものだ。つまり検定結果が特定の仮説の棄却や保持を正当化するのは、その検定が関心ある事象の真偽を追跡するようなプロセスである限りにおいてであって、それを差し置いて検定結果を解釈することはできない。確かに信頼係数や検出力などは、この検定プロセスの信頼性の指標として解釈できる。しかしそれらを計算するためには、仮説として特定の尤度関数を想定する必要があるのであった。例えば本章の例では、コインのバイアスを判定するために、パラメータの異なる二項分布を確率種として想定し、この想定のもとで検定の信頼係数と検出力を計算した。しかしこの仮定自体（すなわち 10 回のコイン投げが二項分布で表せること、また表が出る確率が 0.25 あるいは 0.75 であること）が正しいという保証は、少なくとも検定結果のうちにはどこにもない。より一般的に、我々の関心のある事象がどのような確率種によって表されるか、あるいはそもそもそれが特定の確率種によって表現できるほど確定した対象なのか（すなわちそれが一つの「自然種」なのか）、ということは必ずしも自明ではない。よって検定に先立ち我々は確率種について何らかの想定をする必要があるが、検定理論による信頼係数や検出力の評価は、その想定の成否に根本的に依存

する。言い換えれば検定理論は、仮説の対象について正しい確率種／統計モデルが立てられているという前提のもとで初めて、その仮説の成否についての検定プロセスの信頼性を見積もることができる。であるとすれば、我々は特定の検定結果や p 値のみを根拠に仮説の成否を判断することはできないし、また低い p 値が出たからといってそれが無条件に対立仮説を正当化するわけでもない。というのも、もし認識プロセスとしての検定が正常に機能するための前提が満たされていないのであれば、我々が上で挙げた反事実的な追跡条件が満たされているという保証はどこにもないからだ。頻度主義的な正当化において要となるのは、仮説についての信念が信頼できるプロセスによって得られたのか否かということであり、そしてそれは検定理論によって示される指標だけでなく、その算出根拠となる前提を吟味することによって初めて判断できることなのである。

　以上の議論は、信念形成プロセスとしての検定が正常に働くための条件に関するものであった。再現性の問題に関しては、これに加え、科学探究においてそうしたプロセスが正しく適用されているか、という論点がある。どのような道具でも、正しく使われない限り、それが本来保証するはずの結果をもたらさない。同様に検定も、正しく運用されない限り、仮説を正当化することはできない。誤った検定の使用例として、再び、本章のコイン投げを考えてみよう。しかし今度は設定を少し変える。コイン店主はあなたにコインを投げさせるのではなく、むしろ彼が家で 10 回投げた結果、5%の有意水準でこのコインはエラーコインでないという帰無仮説が棄却された、ということだけをあなたに伝えたとする。そして彼の言葉に嘘はないとする。さて、あなたはコインを買うべきだろうか。ここで注意すべきは、件の店主は何回この実験を行ったのか、ということである。確かに、このコインを投げて帰無仮説が有意に棄却できたということは本当かもしれない。しかし彼は他にも沢山のコインで、同様の実験を行っているかもしれない。であれば、仮にそれらのコインが全部普通のコインだったとしても、5%すなわち 20 枚に 1 枚の確率で全く偶然に帰無仮説は棄却されるだろう。彼は棄却に失敗した実験のことは隠したまま、たまたま帰無仮

説が棄却されたコインを持ってきてあなたに売りつけようとしているのかもしれない。

　こうした**多重検定**は、科学的文脈でも問題になりうる。ある研究チームが、化学物質の有害性をチェックするため、100種類の化合物について実験した結果、そのうちA, B, Cの3種類について無害であるという帰無仮説が5%の有意水準で棄却され、その結果「A, B, Cに有毒性が認められた」と発表したとしよう。しかしこのとき、このチームが他の97種類についての検定結果に言及しなかったとしたら、それは上のコイン店主と全く同じインチキを犯していることになる。これらは、検定プロセスの信頼性は確率的に保証されるに過ぎず、よってそれを繰り返し使用すればそのうちいくつかは必ず偽陽性と偽陰性が生じることが期待される、というその動作特性を突いたインチキである。このように検定プロセスを「ハック」して任意の結果を生み出すことは、**p-hacking**と呼ばれる。

　以上の問題を考えるにあたって重要なのは、古典統計が本来的に外在主義的な認識論だということを再確認することである。外在主義的な正当化は、主体に外的なプロセスや状況の成否に本質的に依存している。例えば今私の目には窓の外の空が青々と映っており、それが「今日は青空だ」という私の信念を正当化している（と少なくとも私は思っている）。しかしその「正当化」の成否は、私の視覚プロセスが正常に機能するための諸条件、例えば青視症ではないとか、窓には青色フィルムが貼られていないとか、そのような無数の外的状況に依存している。そしてこうした状況は、当該の視覚プロセスにとっては外的なものであり、それ以外の方法によって独立に検証されなければならない。このような外的条件が独立に検証されて初めて、認識プロセスによる正当化は信頼できる、すなわち真理促進的であることが保証される。頻度主義における正当化が外在主義的であるということは、その真理促進性が、同様の仕方で、検定プロセスの外的条件に本質的に依存するということを意味している。検定理論はそうした外的条件を、実験計画や自然の斉一性（IID）、確率種（統計モデルと尤度）などの仮定によって定式化する。しかしこれらの仮定が実際に満たされて

いるかどうかは、究極的には統計理論にとっては「外的」であり、完全には確認できないものなのである。少なくともそれは、検定プロセスの結果のみから読み取れるものではない。であるとすれば、検定結果のみ、p 値のみによって仮説の成否を判断するのは、頻度主義の正当化概念を根本的に誤解しているということになろう。むしろ検定理論の正当化において重要なのは、特定の結果ではなくそれを生み出すプロセスの信頼性である。この信頼性を支える条件の成否は、通常我々には隠されており、単純な指標によって確認できるようなものではない。しかし外在主義的な正当化が真理促進的でありうるためには、この隠された外的条件に無責任になることなく、その成否を問い続けることが必要なのである。

3-3-2　尤度原理

　頻度主義の外在主義的な性格は、ベイズ主義を始めとする他の統計学派から頻度主義に対してしばしば向けられる重要な理論的批判である、尤度原理をめぐる議論を理解する上でも重要になってくる。**尤度原理**（likelihood principle）とは、簡単に言えば、仮説やパラメータの推論に関するすべての情報は観測されたデータに対する尤度関数のなかに含まれているとする主張である (Berger and Wolpert, 1988)。言い換えればこの原理は、手持ちのデータが仮説に対してどのような推論的な含意を持つかは、その仮説のもとでそのデータが得られる確率にのみ依存し、それ以外の情報には依存しない、ということを述べている。よってもし観察されたデータについて二つの仮説が同じ尤度を持つ（あるいはより精確には、それらが互いに定数倍の比例関係にある）のであれば、データ自体はこの二つの仮説の間に優劣をつけることはできないし、あるいは一つの仮説について二つの異なるデータが同じ尤度を与えるのであれば、それらは仮説に対して同じだけの証拠力を持つ。ベイズ推論は、この原理を満たす。というのもベイズ定理により、事後確率 $P(h|e)$ がデータに依存するのはあくまで尤度 $P(e|h)$ を通してだからである。また（本書では触れなかったが）、尤度のみによって仮説の良し悪しを決める尤度主義においても、当然この原理は満

124

たされる (Sober, 2008)。ここからベイズ主義者や尤度主義者は、この尤度原理を、統計的推論において当然満たされるべき基本的原理として採用する。

　一方で頻度主義においては、尤度は推論の最終決定権を持つわけではない。これは 2-4 節で取り上げた、20 回のコイン投げによって帰無仮説 $H_0 : \theta = 0.25$ が棄却できるかどうかを判断する実験からも明らかである。この実験で有意水準を 5% 以下に設定すると、棄却域は $X \geq 9$ となるのであった。よって 9 回表が出た場合は帰無仮説 H_0 を棄却し、結果として対立仮説である $H_1 : \theta = 0.75$ への証拠が得られたと推論することになる。しかし表が 9 回というデータは結果として裏の方が多く出たということであり、この結果自体はコインが表に偏っているとする対立仮説のもとでより裏に偏っているとする帰無仮説のもとでのほうがより観測されやすい、つまり $P(X = 9; H_0) > P(X = 9; H_1)$ である[11]。よって尤度のみに着目するなら、観測されたデータは帰無仮説を支持こそすれ、それを退ける根拠にはならないように思える。実際ベイズ主義の枠組みで考えれば、両仮説の事前確率が等しければ事後確率は $P(H_0|X = 9) > P(H_1|X = 9)$ となり、尤度の高い帰無仮説の方がより強く確証される。しかし上述のように検定においては、対立仮説より尤度の高い帰無仮説の方が棄却される場合があり、このことは頻度主義の推論が尤度以外の情報に左右されるということを示唆する。

　実際のところ、頻度主義は尤度原理を満たさず、この点はベイズ主義者などによりしばしば批判されてきた。尤度原理に反するがゆえに生じる頻度主義の「パラドクス」として挙げられるものの一つに、**停止規則問題**（stopping rule problem）がある (Howson and Urbach, 2006; Sober, 2008)。これは得られたデータは全く同一であるのにも関わらず、実験デザインの違いにより一方では帰無仮説の棄却、他方では保持という相反する結論が下されるという問題である。我々は上で $H_0 : \theta = 0.25$ とし、これが 20 回のコイン投げ実験で棄却できるかどうかを検討した。ここではハウソンらの事例に合わせるために、帰無仮説を $H_0 : \theta = 0.5$、つまりコインに歪みがないかどうかを確かめる実験を考え

---

[11]実際、$P(X = 9; H_0) \approx 0.027$, $P(X = 9; H_1) \approx 0.003$ であり、前者の方が桁一つほど大きい。

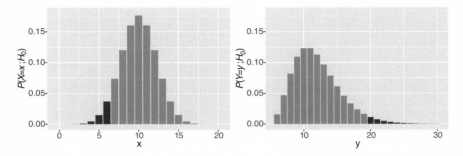

図 3.4　帰無仮説 $H_0 : \theta = 0.5$ のもとでの、二つの実験デザインでの結果の確率。左：20 回中何回表が出るかを見る**固定デザイン**。表が 6 回以下出る確率（濃部分）を足し合わせると 0.058 となる。右：6 回表が出るまで何回投げたかを見る**非固定デザイン**。20 回以上投げる確率を足し合わせると 0.0318 になる。

よう。対立仮説は $H_1 : \theta = 0.25$、つまり公正でない場合はコインは裏側に歪んでいるものとする。この場合、20 回コインを投げて表の回数が少なかったら帰無仮説を棄却するのが妥当だろう。図 3.4 の左側のプロットは、公正なコインを 20 回投げて表が出る確率を示している。今この実験を行い、6 回表が出たとする。帰無仮説のもとで 6 回以下の表が出る確率は $P(X \leq 6; H_0) = 0.058$ であるため、有意水準を 5% に設定した場合、この結果からコインに歪みがないという帰無仮説を退けることはできない。しかし、これとは別の実験デザインを考えることもできる。このデザインでは、とにかく 6 回表が観察されるまでコインを投げ続け、6 回目の表が出た時点で実験を終了する。このときもし対立仮説 $H_1 : \theta = 0.25$ が正しく表が出にくいのであれば実験は長引き、逆に帰無仮説 H_0 が正しいのであれば比較的早期に終了するだろう。ここから 6 回表が出るまでに投げた回数を Y で表し（よって当然 $Y \geq 6$）、この値が一定の値よりも大きければ帰無仮説を棄却する、という方針が考えられる。この実験は少し込み入っているように見えるが、論理的な問題は何もない。この実験が y 回目で終了するとは、$y - 1$ 回目までに表が 5 回出て（よって $y - 1 - 5$ 回裏が出て）、y 回目に 6 回目の表が出るということだ。帰無仮説 $H_0 : \theta = 0.5$ を仮定したとき、この確率は

$$P(Y = y; H_0) = {}_{y-1}C_5(0.5)^5(0.5)^{y-6}(0.5) \quad (\text{ただし } y \geq 6)$$

と求められる。図 3.4 右はこの確率を実験終了までコインを投げた回数 y を横軸にとって示したものだ。この図から第一種の誤りを計算できる。試行回数がある閾値 y' 以上のときに帰無仮説を棄却すると定めたとき、その判断が誤っている確率は、この図で y' 以上の確率値をすべて足したものになる。さて我々は20 回中 6 回表が出たと想定しているのであるから、20 回以上の確率値を足すと、0.0318 となり、0.05 を下回る。よってこの実験デザインを採用すると、5%の有意水準で帰無仮説を棄却することになる。

　上の議論において我々が観測したのは唯一つのデータ、つまり 20 回コインを投げて 6 回表が出た、という結果だけである。そして両デザインともに、コインが公平（$\theta = 0.5$）だとする同じ帰無仮説を対象としている。しかしこの同一データが、一方の（投げる回数を 20 回に固定した）デザインではこの帰無仮説を保持する根拠とみなされ、他方の（終了回数を固定しない）デザインではそれを棄却する根拠とみなされる。ベイズ主義者は検定理論の持つこうした特徴を、恣意的で不整合だと批判してきた。というのも、どちらの実験デザインを採用するかは、科学者の主観と都合によって決められるように思われるからだ。例えばある研究者が、20 回コインを投げるつもりで上の実験を行い、6 回表が出たとしよう。しかしこの結果では帰無仮説が棄却できないので、彼女は最初の思惑を引っ込めて、実は元々しようとしていたのは非固定デザインでの実験だと強弁するかもしれない。だとすると帰無仮説は棄却され、コインが公正ではないという仮説が正当化されることになる。しかしこのように実験者の意図一つで仮説の成否が決まるというのは、あまりにも客観性を欠いているように思える。これに対し、尤度原理を満たすベイズ推論では、データがどちらの結論を支持するかは、どの停止規則を採用するかに拠らず一意的に定まる。ここからベイズ主義者は、ベイズ推論はこの意味においてより「客観的」であると主張してきた。

　一見、この停止規則問題は検定理論の「バグ」を突いた技巧的なもののよう

に思われるかもしれない。しかし実のところ、これは**一般性問題**（generality problem）と呼ばれる、信頼性主義的な認識論に共通する難問をあぶり出している。信頼性主義において信念は、信頼できるプロセスによって生み出されたとき正当化されるのであった。しかし一言でプロセスと言っても、我々はそれを様々な粒度ないし詳細さで記述することが可能である。例えばある人が薬品を飲んで「この薬は味がしない」という信念を形成する場合、一般的には「味覚障害を持たないヒトの味覚プロセス」というようなものが想定されている。これは確かに、ある程度信頼できると言えるかもしれない。しかしもしその人がたまたま激辛カレーを食べた直後なのであれば、これは同時に「味覚障害を持たないヒトが刺激物を食べた後での味覚プロセス」なのであり、その意味ではあまり信頼できそうではない。あるいは逆に非常に広くとって、「多細胞生物が刺激受容細胞を通して異物を認識するプロセス」としてこれを考えることもできるかもしれない。このように同一の出来事であっても、無限に異なる「プロセス」の結果として記述することができる。一般性問題とは、信念の正当化を考えるにあたって、これらのうちどの「プロセス」の信頼性を基準とするべきか、という問題である（Conee and Feldman, 1998）。これは、闇雲にプロセスの粒度を上げていけば解決するような問題ではない。というのもその場合、最終的にその「プロセス」が適用されるのは当該事象ただ一件のみということになり、そうなるとその信頼性を見積もることが不可能になるばかりか、それを頻度主義的な確率概念（本章 1 節参照）によって表すこともできなくなるからである。読者はここに、2 章 3-3-3 節で見た参照クラス問題と同様の構造を認めるだろう。そしてそれは原理的な答えが無い問題であり、その意味において、信頼性主義に対する難問を提示するのである（上枝, 2020, p.84）。

　検定を信頼性主義における認識プロセスと見なせば、停止規則問題とは、まさに上の一般性問題の一種であることがわかる。というのもそれが示すのは、ある結果とそこから引き出す結論の間には、複数の異なる検定プロセスがありえ、それを一意的に決めることはできない、ということだからだ。例えば上述の例で、20 回コインを投げて 6 回表が出たという結果をもとにコインが歪んで

いると結論したとすれば、この信念は固定デザインのもとでは正当化されないが、非固定デザインでは正当化される。しかるに、どちらのデザイン／プロセスを取るべきかということについて、原則的な基準はない。ではどう判断するべきか──。これに対する頻度主義者の答えの一つは、開き直ってこのプロセスの不定性を全面的に認め、むしろその不定性に配慮することを自説の美徳と捉え直すことである。例えばメイヨーは、実験デザインに拠ってデータの解釈が変わるのは当然であり、むしろそのことを無視し、ただデータのみに拠って仮説の成否が決まると考えるベイズ主義者の方こそが無責任だと応答する (Mayo, 1996)。こうした応答は、頻度主義の信頼性主義的な性格を考慮すると、より良く理解できる。検定をデータから結論を導く一種の認識プロセスと捉えたとき、複数のそうしたプロセスが存在し、それらが同じデータを前にして相反する結論を下すこと自体にはなんら矛盾はない。重要なのは、このようにデータと結論を結ぶ方法が複数あることを認識した上で、実験者がどのプロセスを用いて実験を行うのかを明示的に示し、それに従うことだ。したがって、固定デザインを想定しながら結果を見て非固定デザインに切り替える、というような上述の実験者の振る舞いは確かに咎められるべきだが、そこで責を負うべきは検定という方法論自体ではなく、むしろ「適用する認識プロセスを明示化した上で実験を行わなければならない」という頻度主義的な方法論からの逸脱である。なぜ明示化が必要なのかというと、それは頻度主義における仮説の正当化が、本来的にプロセスの信頼性に依拠するからである。帰無仮説の棄却や保持といった結論が正当化されるのは、その結論が信頼できる認識プロセスの正しい適用に基づいて得られる限りである。しかるに、得られたデータに応じて関心ある結論を引き出せるような検定方法を用いる、という態度は明らかに信頼できる認識プロセスではない。あるいは少なくともそのような日和見的な「プロセス」には、個々の検定プロセスの信頼性を示すべき信頼係数と検出力をそのまま適用することはできず、結果としてその信頼性を正確に見積もることができない。それはむしろ、上で見た多重検定と同様、検定プロセスの「ハッキング」であると言える。このようなことを防ぐためにも、頻度主義の観点からは、単に結

論がデータによって決まるとみなすのではなく、両者がどのような認識／検定プロセスによって結び付けられているのかに意識的になり、それを明示化することが、仮説を正当化するという統計的推論の目的にとって、本質的に重要になってくるのである。

　これは同時に、正当化概念を検定プロセスに相対化させるということでもある。つまり頻度主義の方法論に従う限り、帰無仮説の棄却や保持などの結論は、あくまで特定の実験デザインや検定プロセスに照らし合わせた形で正当化されるのであって、無条件に正当化されるのではない。あるプロセスで正当化される結論も、別のプロセスではそうではないかもしれない。一般性問題を受け入れるということは、こうした相対性を最終的に止揚するような、絶対的で一意的な正当化なるものは無いと認めることだ。であるとすれば、検定を通じて得られる科学的結論も、あくまで特定の認識プロセスに相対的にしか正当化されないということになろう。もちろんだからといって、これは「なんでもあり」の完全な相対主義を意味するわけではない。というのも、検定理論に忠実である限り、我々はそれぞれの認識プロセスの信頼性を明示的に求めることができるからだ。しかし上述のように、それを行うためには、棄却の成否や p 値などといった結果だけを切り取って解釈するのではなく、その結果を生み出した実験デザインや検定手法全体に常に留意しなければならないのである。

　尤度原理をめぐる頻度主義とベイズ主義の態度の違いは、両者の認識論的な差異を明確に特徴付けている。内在主義的な認識論を採るベイズ主義者にとって、データとは我々の経験的推論が拠って立つ唯一の土台である。それは認識論的な「所与（given）」であり、我々が世界について知りうるすべてはすべからくそこに含まれていなければならない。だとすれば、一つの統計モデルを仮定したとき、そのモデルについて推論しうるすべてのことは、そのモデルのもとでデータが得られる確率としての尤度に要約されていなければならない。他方、外在主義にとって、データはすべてではない。むしろそのデータがどのようにして得られたのかという外的な事情、そしてその獲得プロセスの信頼性が問題になってくる。我々はノージックの議論を援用しながら、この認識プロセスの信

頼性を二つの反事実条件によって特徴付け、それぞれを検定の信頼係数と検出力に対応付けた。これが意味するのは、頻度主義的な正当化プロセスにおいては単に実際に得られたデータだけではなく、いわば「反事実的なデータ」、すなわち実際には得られなかったけれども得られる可能性があったデータも同じように重要性を持つということである。なぜなら、帰無仮説が正しい／誤っていると仮定したときに検定がどのような結論を下すかを考えるということは、現実世界とは異なる（かもしれない）世界においてどのようなデータが得られるかについて思いを巡らすことに他ならないからだ。こうした反事実的な情報は、明らかに現実のデータに含まれてはいない。それゆえ頻度主義者は、推論の全根拠を実際に得られたデータに求める尤度原理には満足しないのである[12]。

3-4　小括：ベイズ／頻度主義の対立を超えて

　以上我々は、主に統計的検定に焦点を当て、頻度主義の方法論とその問題点を、認識論的な側面から考察してきた。蓋然的推論の正当化を、信念間の論理的整合性に帰着させるベイズ／内在主義とは異なり、頻度／外在主義は正当化の根拠を検定を始めとした推論プロセスの信頼性に求める。よって頻度主義的な認識論の課題は、そうした外在的プロセスの信頼性をどのようにして担保するのか、ということになる。本章で概観してきたように、古典統計学は、様々な状況に応じた推論プロセスの信頼性を、確率種や実験デザインなどの仮定のもとに導き出す。しかしこれらの仮定はあくまで推論プロセスにとって「外的」に留まり、それ自身の正しさをデータから体系的かつ理論的に評価する方法は存在しない。内在主義的認識論を採るベイズ主義者は、この点を問題視する。例えば確率種の想定だって、煎じ詰めれば対象である確率事象の本性について

---

[12] 尤度原理は、統計的推論はデータの適切な要約である十分統計量のみに基づくという「十分性の原理（the principle of sufficiency）」と、推論は実際に行われた実験のみに基づき、行われた可能性はあるが実現はしなかった実験は無関係であるとする「条件付けの原理（the principle of conditionality）」という、二つの別の原理の連言と等価であることが知られている（Birnbaum, 1962）。ここでの議論が示すことは、反事実的な情報を重視する頻度主義者は条件付けの原理を認めない、ということである。

認識者が持つ信念ないし「思い込み（ドクサ）」に過ぎないのではないか。だとするとやはりそうした信念にも事前確率という形で一定の留保を与え、その留保を統計的推論にも反映させるべきではないのか。確かにベイズ主義者は、仮説の事前確率を認めることによって、確率種の仮定についてより慎重かつ柔軟な態度を取っているように見える。これはベイズ統計が、すべての不確かさを内的な「信念の度合い」に還元することで一律に表し、ベイズ定理によってそれを統一的に結び付けることを可能にすることに拠る。しかし頻度主義者は逆に、ベイズ主義のこうした一面的なアプローチによって、かえって推論における重要な要素が見逃されていると反論する。その見方に立てば、統計的推論は単に確率種の想定だけではなく、実験デザインや停止規則などの無数の外的要因に依存するのであって、それを尤度と事前確率という二つの指標に押し込めることは不可能である。であるとすればベイズ主義者の方こそ、尤度原理に拘泥することで、帰納推論において本来考えるべきこうした問題から目を背けてしまっているのではないか——。

　本書の目的は、こうした主義主張の間の論争に決着をつけることでも、またそこに新たな薪をくべることでもない。ではなぜ、このような「主義」の違いに目を向ける必要があるのだろうか。一番の大きな理由は、帰納推論には単に論理的・数学的な分析のみには帰着しない不確かさと、それに対処するための「泥臭さ」がどうしてもつきまとうからである。帰納推論の本質は、「知っていることを元手に知らないことを推論する」ということにあるが、このような非演繹的推論を論理的に妥当な仕方で行うことは本質的に不可能である。このことをいち早く見抜いたのはヒュームであった。そしてクワイン (Quine, 1969) がかつて述べたように、この「ヒュームの苦しみは人類の苦しみ（The Humean predicament is the human predicament）」なのであり、それは現代の数学的に洗練された統計理論をもってしてもそうなのである。1 章で述べたように、我々はこの帰納推論の前提と結論の間にある不可避的な推論のギャップを埋めるために、斉一性や確率種などといった「存在」を仮定し、与えられた証拠をもとにそのあり方を探る。そうした存在は本来経験を超え出たものであるがゆえに、

我々が直接それについて知ることは叶わない。かといって我々は独断論や懐疑論に陥るのではなく、そうした仮説の良し悪しについて、何らかの仕方で判断を下さなければならない。そうした判断は、どのような意味で正当化されうるのだろうか？　この問いは必然的に、我々を認識論的な考察へと導く。前章と本章で我々は、正当化概念の二つの考え方として内在主義と外在主義を取り上げ、それぞれをベイズ主義的、頻度主義的な統計学と結び付けた。その分析が正しければ、両者の間には、そもそも統計的分析によって仮説が正当化されるとはどのようなことなのかということについての、概念レベルでの意見の相違が存する。もしそうだとしたら、この根底的な相違に目を向けずして、両者の優劣を議論することはできないだろう。例えば事前分布の恣意性や尤度原理への違反などといった、表面的な特徴のみに着目して互いを批判しても、それは単なる水掛け論に終わってしまう。互いの批判内容を理解し、より建設的な方向へ議論を進めていくためには、背景にある哲学的思想に注意を払う必要があるのである。

　哲学的考察は、統計的手法の差異を裏付けるだけでなく、またその共通の課題をも浮き彫りにする。我々は前章で、ベイズ主義の重要な課題として、内的な信念間の論理的整合性を保つものとしてのベイズ推論は、いかにして外的な事実を反映できるのかという問題を見た。また本章では、検定についての近年の批判的議論として、p 値問題や再現性の問題を取り上げた。これらの一見全く独立した問題は、しかしある側面から見れば、同じ問題の現れである。それはすなわち、両者ともそれぞれの方法論に内的な適用過程だけに注目し、その方法論がどのようにして本来の関心対象である世界と関わるのか、ということを軽視することから生じている問題である。ベイズ主義であれ頻度主義であれ、今や分析者はパッケージ化された手法をデータに適用することで、ほぼ自動的に事後分布や p 値を計算することができる。このような「レシピ的な統計学（recipe-like statistics）」(Mayo, 2018) を使えば、誰でも気軽に「統計的正当化」を行うことができる。しかし問題は、それがそれぞれの認識論的背景に即した意味での「正当な（つまり真理促進的な）正当化」になっているか、ということである。こ

の観点から見ると、単に信念間の論理的整合性を保つだけのベイズ定理の適用（事前分布と尤度という前提からの事後分布の導出）はそれ自体として外界との一致を保証しないし、また検定を機械的に適用あるいは濫用した結果は、いくらその結論が有意であったとしても、プロセスの信頼性の観点からは正当化されない。つまりそうした実践において一見して得られたかのように見える「正当化」は、仮説や予測の正しさについての保証を得たいという統計的分析のそもそもの動機を満たさない。このような本末転倒を避けるためにも、統計的手法の背後にある認識論に目を向け、その正当化概念を正しく理解することは有用だろう。

　もちろん、哲学的な考察によって何かが具体的に解決するわけではない。認識論は特定の統計的手法や、そこで用いられている正当化概念にお墨付きを与えるものではない。そもそもどのような正当化概念が「正しい」ものなのかについて、認識論者の意見が一致を見ることはおそらく無いだろう。というのは、正当化とは何かという「泥臭い」問いは、確定した答えを持たないだろうからだ。しかしだからといって何でもありというわけではないし、また我々が帰納推論を用いて何らかの結論を正当化することを試みる以上、その問いから逃れることもできない。そうだとすれば、我々にできるせめてものことは、実際の推論において用いられている正当化概念について自覚的になることではないだろうか。哲学的分析は、統計的手法の実践においてはしばしば忘れられがちなこうした思想的背景と問題点を振り返り、また異なる手法間の差異とその間で交わされる議論を理解するための、メタ的な視点を提供するのである。

読書案内

頻度主義の確率の意味論については、主観主義と同様、Gillies (2000); Childers (2013); Rowbottom (2015) が参考になる。検定理論についても教科書は多い。田栗ほか (2007) でも扱われている他、対話形式で進む粕谷 (1998) も定評がある。頻度主義の哲学については Sober (2008); Mayo (1996, 2018) などに詳しい。特に本章でも触れたデボラ・メイヨーは頻度主義者の代表格と言える。検定理論の発展史、特にその産業への適用については芝村 (2004) を参照。外在主義的認識

論については前章でも紹介した戸田山 (2002); 上枝 (2020) が詳しく、本章で取り上げた話題も概ねカバーされている。

第 4 章

モデル選択と深層学習

　我々はこれまで、伝統的な統計学が帰納推論の問題にどのように対処してき
たかを概観してきた。ヒュームが指摘したように、過去のデータから未来を予
測するためには、両者を通じて不変的に存在する「自然の斉一性」を前提とす
る必要がある。推測統計ではこの斉一性を確率モデルの形で表現し、それを与
えられたデータから推測することを通じて、同じモデルから生み出されるであ
ろう未観測のデータを間接的に推論する（1 章図 1.2）。この見取り図に従えば、
この斉一性を正しく認識すればするほど、つまり背後の確率モデルをより正確
に推定するほど、予測や推論などの帰納問題をより良く解決することができる、
と期待できるだろう。実際、前二章で概観したベイズ統計と古典統計は、実在
のモデルとしての確率モデルをより正確に推論するための具体的な方法論を与
えてくれるのであり、統計学者たちはこれを用いることによって帰納問題にア
プローチしてきた。しかしながら、この期待は本当に正しいのだろうか。つま
り予測という帰納問題に的を絞って考えた場合、背後にあるデータ生成プロセ
スについて正しいモデルを有することは、常に望ましいことなのだろうか。あ
るいは現実とは少し離れた、どちらかと言うと「真実から遠い」統計モデルの
方が、より上手く未来を予測できる、という可能性はないのだろうか。意外な
ことに、答えはイエスである。つまり正確なモデルが常に良い予測を行うとは
限らず、むしろ現実をちょっと「歪めた」モデルの方が、予測を上手く行う可
能性がある。本章ではこのことを、モデル選択理論と深層学習という二つの事
例を通して見ていく。

1　最尤法とモデル適合

　しかしその前に、ウォーミングアップとして、以下本章で度々登場するモデル適合とその代表的手法である**最尤法**（method of maximum likelihood）について、簡単に説明しておきたい。ここで扱うモデルとは統計モデル、すなわち 1章で述べた「確率種」に他ならない。つまりそれは、何らかのパラメータを持った分布族によって表される、確率変数の分布についての仮説である。例えばコインを 10 回投げたときに表が出る回数 X は、表の確率 θ というパラメータを有する二項分布 $P(X; \theta)$ によってモデル化できるのであった。ここでのセミコロン「;」は、前章での用例と同様、X の確率分布が θ というパラメータによって決まってくる／制御される、という気持ちを表している（3 章注 5 参照。よってベイズ主義的な枠組みでは単なる条件付確率 $P(X|\theta)$ と読み替えて良い）。

　今までの推測統計の方法では、確率種に加え、さらにそのパラメータに何らかの仮説を立てることで、データからパラメータの値を推論した。例えばベイズ統計では θ の事前分布を想定した上で事後分布を計算したし、仮説検定では特定の θ の値についての仮説を立ててその成否を検討した。しかしここでは、そのような仮説を立てることなく、ただパラメータの値を手持ちのデータに適合させることのみを考えてみたい。つまり、確率モデルが実際にどのようなものであるかは脇に置いておいて、とりあえず手元のデータを最も良く説明してくれるようなパラメータの値を求めることにする。これはすなわち、モデルの尤度、すなわち仮説のもとでのデータの確率を最も高くするようなパラメータを求める、ということである。

　実際にやってみよう。今、上のコイン投げで 10 回中 6 回表が出たとしよう（$X = 6$）。可能なパラメータ $0 \leq \theta \leq 1$ の中で、この結果・データを最も良く説明する仮説、つまり尤度 $P(X = 6; \theta)$ を最大化する θ は何だろうか？　二項分布の確率分布より、尤度 $P(X = 6; \theta)$ は以下によって表される：

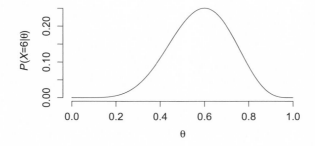

図 4.1　10 回コインを投げて 6 回表が出たときの、パラメータ θ を持つ二項分布モデルの尤度を、0 から 1 の範囲でプロットしたもの。

$$_{10}\mathrm{C}_6 \ \theta^6(1 - \theta)^4 \tag{1}$$

これは θ の関数であり、θ を横軸、尤度を縦軸にとってプロットすると図 4.1 のようになる。この図を見ると、$\theta = 0.6$ あたりのとき最も尤度が高そうだ。これは実際に微分することで確かめられる。微分は、地点地点での関数・グラフの傾きを与えることを思い出そう。頂上では傾きがゼロとなるので、上の尤度関数 (1) の最大点を求めるためにはそれを θ で微分して得られる式がゼロに等しいとして解けばよい。実際に微分すると

$$\theta^5(1 - \theta)^3(6 - 10\theta) \tag{2}$$

（頭の $_{10}\mathrm{C}_6$ はパラメータを含まない定数なので無視する）。これがゼロになるのは、$\theta = 0, 1, 0.6$ のときのいずれかである。図から明らかなように、0、1 のときは頂上ではなく底を打っているだけなので、やはり尤度を最大化するのは $\theta = 0.6$、つまり 10 回中 6 回表が出たという結果に最も適合するのは、そのコインが 6/10 の確率で表になるという仮説だということが確認された。

　ここでの統計モデルは二項分布であり、そのパラメータは θ 一つだけであった。しかしパラメータが複数あったとしても、同様の手法を用いて、任意のデータが与えられたとき、モデルの尤度を最大にするようなパラメータの組を求めること

ができる。このように求められたパラメータの推定値を**最尤推定量** (maximum likelihood estimator; MLE) といい、ここでは頭にハット記号を付けて $\hat{\theta}$ のように表す。また、そのときの尤度をモデル M の最大尤度といい、$L(M)$ で表す[1]。上では尤度関数 (1) を最大化することで二項分布モデルの最大尤度を求めた。しかし実際には尤度関数ではなく、その対数（log）を取った**対数尤度**（log likelihood）を最大化することが多い。これは主に計算上の便宜のため（対数をとると確率の積が和になり計算しやすい）であり、実際の計算結果は変わらない（つまり、尤度を最大化するパラメータと対数尤度を最大化するパラメータは常に同一である）。以下ではモデルの最大対数尤度を $\log L(M)$ と示すことにする。

　上のようにモデルが単純な場合は、最大尤度ないし最大対数尤度は、尤度関数を微分して解くだけで簡単に求めることができる。しかしより複雑なケース、ないしパラメータが多数あったりするケースでは、尤度関数も複雑になり、最大値を解析的に解くことは難しくなってくる。尤度関数自体はモデルによって常に定まり、またその微分も可能だったとしても、それをゼロとして方程式を解く作業が困難になるのだ。その場合は、尤度関数の「山」を一歩一歩登ることで山頂を目指すしかない。これを今、上の二項分布のケースで解説してみよう（上述の通り、この問題は解析的に解けるので必要はないのだが、あくまで例示として用いる）。まず最初に、「山登り」の出発点を適当に決める。例えば $\theta = 0.4$ を出発点にとることにしよう。これを尤度関数を微分した式 (2) に代入することで、この地点での傾きを計算することができる。具体的に計算するとこれは $(0.4)^5(0.6)^3(2) \sim 0.004$、つまり傾きは正で右肩上がりなので、少し右側、例えば $\theta = 0.5$ へと歩みを進める。そしてまた次にこの地点で傾きを計算し $\cdots$ と繰り返すことで、最終的に尤度を最大化するような頂上、すなわち $\theta = 0.6$ へとたどり着く。ただし今回の場合は山頂が一つのみの「富士山型」なので、どこからスタートしても同じ山頂へとたどり着くことができたが、実際に尤度関数が複雑になり、より凸凹の多い形状になってくると、出発点によっては低い頂

---

[1]つまりパラメータ $\boldsymbol{\theta}$ によって特徴付けられるモデル $M(\boldsymbol{\theta})$ および観察されたデータ $\boldsymbol{x}$ とすると、MLE は $\hat{\boldsymbol{\theta}} = \arg\max_{\boldsymbol{\theta}} P(\boldsymbol{x}; M(\boldsymbol{\theta}))$ であり、最大尤度 $L(M) = P(\boldsymbol{x}; M(\hat{\boldsymbol{\theta}}))$ である。

き、すなわち局所最適点に陥ってしまうという可能性も生じる。また今回はパラメータが一つだけだったので、一次元 (θ 軸) での山登りだけであったが、一般に n 個のパラメータを持つモデルでは、頂上・最尤推定量へと到達するためには n 次元空間での山登りをしなければならない。これらの問題についてはまた後ほど、深層学習のところで見ていく。

　最尤法がやっているのは、あるデータが与えられたとき、そのデータを最も良く予測するようなモデルのパラメータを求める、ということだ。このように、特定のデータに対して上手くモデルを調整することを、**モデル適合**（model fitting）ないし**学習**（learning）と呼ぶ。またそのようにしてパラメータが調整されたモデルを**適合モデル**（fitted model）と呼ぶ。モデル適合の手法としては、ここで取り上げた最尤法の他にも、モデルの予測値と実測値のズレを最小にするようなパラメータを求める**最小二乗法**（least squares method）などが挙げられる。ただいずれの手法にせよ、それらが行うのは、特定のデータにモデルを適合させる、ということだけであることに注意しよう。つまり最尤法自体には、そのように適合したモデルが最も確からしいとか、真実に近いとかいった、モデルの正しさに関する含意は一切含まれていない。例えばコイン投げのケースで、6回表が出た結果の最尤推定量が $\hat{\theta} = 0.6$ だからといって、使われたコインは表に偏っていると考えるのは早計だろう。最尤法は単にこの特定のデータに適合する仮説をピックアップしているだけであって、その仮説が一般的に正しいかどうかということには無頓着である。この意味において、最尤法や他のモデル適合の手法は、前章までで見てきたベイズ推論や仮説検定とは異なった目的と性質を持っているのである。

2　モデル選択

2-1　回帰モデルとモデル選択の動機

　さて、以上の議論を踏まえ、いよいよ本章の主題である予測の問題に入っていこう。話を具体的にするため、単純な予測問題として回帰モデルを取り上げてみる。一般に**回帰**（regression）とは、ある変数 X を用いて別の変数 Y の値を予測・分類することである[2]。我々はすでに1章でゴルトンを紹介する際に回帰を取り上げたが、そこでの用例はあくまで記述統計的な過去のデータの要約であり、予測ではなかった。しかしここで取り扱いたいのは、過去のデータを用いて未来を予測することであり、それは推測統計の枠組みに入る。例えば我々がもしゴルトンのデータを用いて、そのデータには含まれない同時期のロンドンの親子の身長関係を推測しようとしたならば、ここで言う意味での回帰の問題に取り組むことになる。その他にも、身長から体重を予測する問題、模試の成績から合格可能性を予測する問題、画像データからそれが猫であるかどうかを判別する問題などは典型的な回帰問題である。

　回帰モデルにおいて予測に用いる変数を**説明変数**、予測されるべき変数を**目的変数**と呼ぶ。例えば上の例では説明変数はそれぞれ身長／成績／画像データ、目的変数は体重／合格可能性／猫性（？）となる。もちろん、説明する変数は一つである必要はなく、例えば合格可能性の判断に直近の模試の成績だけでなく、過去の成績や内申点などを加味することも可能である。この場合、説明変数の組はベクトル $\boldsymbol{x} = (x_1, x_2, \ldots, x_n)$ によって表される。また説明変数ではすくいきれないその他の要因は誤差項としてひとまとめにし、以下これを ϵ で表す。誤差項 ϵ はランダムな要因であり、よって何らかの分布に従う確率変数である。この上で回帰モデルは、目的変数を説明変数と誤差項の関数として表した式

---

[2]一般に予測される変数 Y が連続値をとる場合は回帰、離散値の場合は分類（classification）と称されることが多いが、ここでは両者とも回帰で統一する。

$$y = f(\boldsymbol{x}, \epsilon)$$

によって定義される。回帰問題とは、基本的にこの関数の形 f を決定すること
で、$\boldsymbol{x}$ を用いて y をできるだけ正しく予測することである。その第一ステップ
として、まず関数 f の形を大枠で定め、そのパラメータを調整することでその
詳細を詰めていく。つまり 1 章で見たのと同様に「確率種」を導入するのであ
る。一般に（パラメトリック）回帰モデルと呼ばれるものは、こうした確率種
の一種である。この確率種／モデルにはいろいろな形が考えられるが、最も単
純な**線形回帰モデル**（linear regression model）だと以下のような形になる：

$$\begin{aligned} y &= f(\boldsymbol{x}, \epsilon; \boldsymbol{\theta}) \\ &= \beta_1 x_1 + \beta_2 x_2 + \cdots + \beta_n x_n + \epsilon. \end{aligned}$$

つまり、目的変数は説明変数と誤差の線形和として表される。このモデルのパ
ラメータ $\boldsymbol{\theta}$ は、それぞれの説明変数の寄与度を表す回帰係数 $\beta_1, \beta_2, \cdots$ と、ラ
ンダムな誤差項 ϵ の分布が持つパラメータである。例えば、もし誤差項が正規
分布に従うのであれば、それは平均 μ と分散 σ^2 となる。この場合、平均 μ は
回帰直線の切片、分散 σ^2 は直線からのデータのバラツキの大きさを表すことに
なる。上式一行目の $f(\boldsymbol{x}, \epsilon; \boldsymbol{\theta})$ は、回帰モデル f の性質がこれらのパラメータ $\boldsymbol{\theta}$
によって決定され、そこに具体的な値 $\boldsymbol{x}, \epsilon$ が与えられることで最終的に目的変
数の値 y が決まる、ということを示している。

　回帰モデルとは一種のパラメトリック統計モデル、すなわち確率種に他なら
ないのだから、一般的な推測統計では、他の確率種を用いた帰納推論と同様、モ
デルのパラメータを同定することを通じて予測・推論を行う。例えばベイズ統
計ではデータからそれぞれのパラメータの事後確率を求め、事後予測分布（2 章
2-3 節）を計算することで未来のデータを予測することができるのであった。一
方上述の最尤法を用いる場合、話はより単純である。その場合、まず得られた
データの確率を最も高くするようなパラメータの最尤推定量 $\hat{\boldsymbol{\theta}} = (\hat{\beta}_1, \cdots, \hat{\mu}, \hat{\sigma}^2)$

を求める。1章で見たように、このように確率種のパラメータが決まれば、そこから X と Y の確率分布が定まる、つまりその各値の確率が定まるので、これを用いて予測を行えば良い[3]。

　これらは皆、データ生成構造としてある特定の確率種／回帰モデルに焦点を絞り、その確率種を正しく認識することを通じて予測を行おうとするものだ。例えば上の例では、説明変数として X_1 から X_n までをとる線形モデルを考え、そのもとで予測を行う方法を考えた。しかし、そのような特定のモデルは、そもそもどのように選び出されるのか。可能なモデルは通常一つではない。例えば合否予測に用いるモデルとして、直近の模試成績のみを含むモデル、過去の成績を含むモデル、内申点を考慮したモデルなど、様々なモデルが考えられるだろう。このように複数の異なった候補が考えられるとき、我々はその中のどれを選ぶべきなのだろうか。本節で取り上げる**モデル選択**（model selection）理論は、この問題に答える。つまりそれは複数の確率種／モデルの候補が考えられるとき、最も予測能力が高いモデルを選ぶための基準を与えるのである。

2-2　モデルの尤度と過適合

　以下ではこのモデル選択、特にその代表的理論である赤池弘次の情報量規準の考え方を、単純な例を通して見ていこう (Akaike, 1974)。例として比較したいのは、二つの線形回帰モデル

$$M_1 : y = \beta_1 x_1 + \epsilon, \quad \epsilon \sim N(\mu_1, \sigma_1^2) \tag{3}$$

と

$$M_2 : y = \beta_1 x_1 + \beta_2 x_2 + \epsilon, \quad \epsilon \sim N(\mu_2, \sigma_2^2) \tag{4}$$

---

[3]他方、古典統計の枠組みでは、それぞれの回帰係数がゼロでないかを検定したり、また（本書では扱えなかったが）その信頼区間を求めることで回帰モデルを推定することができる。

である。ただし $\epsilon \sim N(\mu, \sigma^2)$ は誤差項 ϵ が平均 μ、分散 σ^2 の正規分布に従う、ということを示している。前者のパラメータ $(\beta_1, \mu_1, \sigma_1^2)$ を合わせて $\boldsymbol{\theta}_1$、後者のパラメータ $(\beta_1, \beta_2, \mu_2, \sigma_2^2)$ を $\boldsymbol{\theta}_2$ と表すことにする。具体的には、例えばこれは本試験での点数 Y を予測する回帰モデルであり、M_1 はそれを直前の模試成績 X_1 のみに基づき予測するのに対し、M_2 はそれに加えさらにその前の成績 X_2 も合わせて考慮すると考えても良い。

　二つのモデルの優劣はどのようにして決められるだろうか。まず考えられるのは、両モデルのデータへの適合度合い、すなわちその最大尤度 $L(M_1), L(M_2)$ を比較することであろう。つまりデータ $\boldsymbol{d} = (\boldsymbol{x}_1, \boldsymbol{x}_2, \boldsymbol{y})$ が得られたとして、上で述べた最尤法を適用することで、このデータのもとでのモデルの尤度を最大化するようなパラメータの組 $\hat{\boldsymbol{\theta}}_1, \hat{\boldsymbol{\theta}}_2$ をそれぞれ求め、そのもとでのモデルの最大尤度

$$L(M_1) = P(\boldsymbol{d}; \hat{\boldsymbol{\theta}}_1), \qquad L(M_2) = P(\boldsymbol{d}; \hat{\boldsymbol{\theta}}_2)$$

の大小を比較し、これが大きい方を、より良くデータを説明してくれるという意味において「良いモデル」とすればよいのではないか。

　しかしながら、この方針には問題がある。まず第一に、どのようなデータをとってきても、M_1 の尤度が M_2 のそれを上回ることはない。つまり常に $L(M_1) \leq L(M_2)$ となってしまい、比較にならない。というのも、M_1 は M_2 から x_2 を落とした特殊ケースだからだ。なので仮に M_1 が手持ちのデータを良く予測できたとしても、M_2 において $\beta_2 = 0$ とするだけで、M_2 においても少なくとも同じだけの尤度を達成できてしまう。より一般に、M_1 と M_2 のようにモデルが入れ子状になっている場合、パラメータ数が多い、つまり複雑なモデルの方が常に尤度が大きくなる。その方がよりモデルの自由度が高く、より誤差が少なくなるようにデータに適合させることができるからだ。したがって尤度を比較する限り、常に複雑なモデルに軍配が上がることになる。

　また実のところ、モデルの尤度は、どのモデルがより良い予測を行うのか、という我々の問題関心には直接的には関係しない。というのも、尤度とはある仮

説／モデルを仮定したときの手持ちのデータの確率、つまり観測されたものの
説明力を測るものであるのに対し、予測問題で我々が知りたいのは、未だ観測
されていないデータについてモデルが何を教えてくれるのか、ということだか
らだ。「柳の下のドジョウ」ではないが、過去を上手く説明するモデルが、必ず
しも未来を同じように上手く説明してくれるとは限らない。むしろ、蓋然的な
事象についてのデータは常にその場その場で変幻するノイズを含んでいるので、
手持ちのデータに完璧に適合するような複雑なモデルはそうしたノイズに対し
ても適合してしまい、かえって将来的な予測性能を犠牲にしてしまうことがあ
る。これを**過適合**ないし**過学習**（overfitting）という。こうした過適合を防ぐた
めにも、我々は尤度以外の指標によってモデルの予測性能を評価しなければな
らない。

2-3　赤池情報量規準（**AIC**）

　赤池はこの問題に答えるため、モデルの尤度ではなく、むしろ平均尤度（mean
likelihood; ただし実際には平均対数尤度）に目を向けるべきだと提案した。我々
が知りたいのは、どのモデルが手持ちの具体的なデータをどれだけ良く説明し
てくれるかではなく、むしろ将来得られるであろうデータに対してモデルがど
の程度の予測性能を発揮するかである。このモデルの予測性能の指標として、
同じモデルを似たようなデータの予測に使い続けたとき、平均してどの程度良
い成績を収めるかに注目する。1 回 1 回の成績の良さを尤度によって測るとす
ると、これはモデルの平均尤度を見積もるということだ。具体的に、いま同じ
モデル、M_1 なら M_1、M_2 なら M_2 を用いて、将来にわたって同様の予測を行う
ことを考えてみる。例えば今年度の受験生 1000 人のデータを用いてモデル M_1
を適合させる、つまり M_1 のパラメータを最尤法によって求めたとする。こ
のようにパラメータ値が定まった適合モデルを $\hat{M_1}$ としよう。この適合モデル
$\hat{M_1}$ を用いて、新たなデータを予測することができる。そこで次年度に新たに
1000 人のデータを集め、この同じ適合モデルが持つ尤度を計算する。そしてま

た次の年度にもまた新たなデータで尤度を計算し…といったことを延々と繰り返したとする。そうして得られた n 年分、理論的には無限年分のモデルの尤度を平均することで、適合モデル $\hat{M}_1$ の平均尤度が得られる。しかしこれはあくまで、最初の年度のデータで適合させたモデル $\hat{M}_1$ の成績を見ているのに過ぎない。当然そうしたデータにはバラツキがあるので、そのバラツキも考慮する、すなわち適合させるデータでも平均をとらなければならない。このために、上述した一連の適合＆平均尤度の計算というプロセスを様々なデータで繰り返して、その結果をさらに平均する。それによって初めて、モデル M_1 の平均尤度を得ることができる。これは、仮にこのモデルを用いて予測を繰り返すことになったときに、平均してどの程度良く予測できると期待できるかを表しているという点で、確かにモデルの予測性能の指標になっていると言えるであろう[4]。

　平均（対数）尤度は同じモデルを未来永劫にわたって使い続けた結果得られる尤度を平均し、さらにその期待値をとったものであるので、実際にそれを測定することはできない。しかし、一般的なパラメータと同様に、それを手持ちのデータから推定することはできる。赤池は、一定の条件のもとで、k 個のパラメータを有するモデルの平均対数尤度の推定量が

$$\log L(M) - k$$

によって与えられることを示した。これはモデルの平均的な予測性能が二つの要素から決まることを示している。一つは上で見たモデルの対数最大尤度 $\log L(M)$ であり、これはモデル M が手持ちのデータをどれだけ良く説明できるかを表している。前述の通り、これは一般的にモデルが複雑であればあるほど大きくなり、モデルの予測性能に貢献することになる。しかしこの値はあくまで実際に得られた単一のデータセットに基づいて計算されたものなので、新しいデータを用いてこの同じモデルの尤度を計算したとき、同様に良い成績を収めるという保証は全くない。つまり、これはモデルの平均的な予測性能を過大評価しているので、その分を差し引かねばならない。その補正分がもう一方の k であ

---

[4]この点についてのより詳しい説明は、久保 (2012) を参照。

り、これはモデルが含むパラメータの数を表す。モデルが複雑になるほど、パラメータの数は増え、この k は大きくなる。そして上式で k にマイナスがついていることから、大きすぎる k は予測性能を下げる、つまりこの項はモデルの複雑さに対するペナルティとして働くことがわかる。結果として、モデルの平均対数尤度は、複雑さがもたらすデータ説明力と、それに対するペナルティのバランスによって決まってくる。例えば、上で挙げた M_1, M_2 をとると、先ほど述べた理由から $\log L(M_1) \leq \log L(M_2)$ となり、最初の要素では M_2 が勝る。しかし M_1 のパラメータ数は $k = 3$ であるのに対し、M_2 では $k = 4$ なので、二つ目の要素では M_1 が勝る。最終的により複雑なモデル M_2 が M_1 に勝るのは、パラメータ追加によるペナルティを補えるくらいの尤度の上昇が見込めるときである。

　実際には、赤池は上の平均対数尤度の推定量にマイナス 2 をかけた赤池情報量規準（Akaike Information Criterion; AIC）

$$-2(\log L(M) - k)$$

によってモデルの優劣を比較することを提案した。詳細は省くが、AIC は真なる確率モデルからランダムに取られたデータが示す分布とモデルの予測との間のズレ（Kullback-Leibler divergence）の平均の推定量となっている（小西・北川, 2004）。 よってこの平均的な予測のズレである AIC が小さい方が、より良い予測をもたらすモデル／確率種である、ということになる。

2-4　AIC の哲学的含意

　パラメータの数はモデルの予測性能に対するペナルティとして働く、というAIC の理論は、一見パラドキシカルな含意をもたらす。今までの枠組みでは、推測統計はデータの背後に確率モデルを導入した上でこれを確率種（統計モデル）としてモデル化し、この確率種の推定を通じて予測を行うのであった（1 章図 1.2）。このような枠組みのもとでは、そのように措定された確率種が実際の

データ生成プロセスである確率モデルをできるだけ精確に反映しているほど、予測も良くなるだろう、ということが自然に期待される。しかし AIC の考え方に基づけば、この想定は必ずしも正しくない。それを見るために、今、目的変数 Y は実際に二つの説明変数 X_1, X_2 の両方から影響を受けている、つまり M_2（式 4）は背景となる確率モデルを余す所なく捉えていると仮定しよう。しかし X_1 に比べて X_2 の影響は僅か（$\beta_1 \gg \beta_2 \approx 0$）であるとする。この場合、式 (4) のようにモデルに X_2 を組み込んでも対数尤度は大して上昇しないかもしれない。もしその上昇の度合いが 1 未満なのであれば、X_1 のみを考慮する M_1（式 3）の方が小さい AIC スコアを持ち、よってより良い予測を行うと判断されることになる。たとえ仮定より、M_1 は実際の要因 X_2 を取りこぼしており、その意味で M_2 よりも真なるデータ生成プロセスから遠いとしても、そうなのである。つまり AIC は、確率モデルを余す所なく捉えているという意味で「正しい」統計モデルの予測性能が常に良いとは限らず、むしろ多少の要因を犠牲にすることで真実を「歪めた」ないし省略したモデルの方が、長期的には良い予測を行う場合がある、ということを教えるのである。

　真実から遠いモデルの方がより良い予測結果をもたらしうるというこの結果は一見パラドキシカルに思えるが、しかし冷静に考えるとこれは「モデル」や「自然種」を用いる科学的探究一般に共通して見られる特徴である。というのもおよそ科学とは対象を部分的に理想化し、単純化することでそれを考察するものだからだ (Cartwright, 1983)。そもそも対象となる物事を離散的な自然種に区分するという作業からして、個別的対象の持つ固有性を捨象し単純化するということに他ならない。私とあなたでは物理的組成が異なるし、また私の皮膚を構成する細胞一つ一つだってそれぞれ微妙に異なっている。それらをそれぞれ「ヒト」ないし「上皮細胞」という自然種で括って統一的に記述することは、そうした個別性を無視し、詳細を歪めることだ。しかしそれにより、例えば私に毒なものはあなたにもそうだろうとか、あっちの虫刺されに効いた薬はこっちにも効くだろうとか、そういった帰納推論を行うことができるようになる。もしそうした大括りを認めず、すべての人間を違うモノとして分類していたら、

我々は他人の経験から何も学べなくなってしまうだろう。よって帰納推論を行うためには、一定のレベルでの同一視を行い、それ以上の詳細や差異を無視する必要がある。事情は統計的推論における確率種についても同様である。あるデータ生成プロセスをどれくらいのパラメータを持ったモデル／確率種で記述するかという問題は、ある人間をどの粒度で記述するか（生物、動物、哺乳類、ヒト、中年男性…等々）という問題に類比的だ。そしていたずらに細かい自然種が帰納推論の役に立たないように、詳細すぎる確率種では効率的な予測ができない。AIC はこのことを平均対数尤度の違いとして数値で表し、それぞれの確率種が長期的にどの程度対象を上手く予測できるかを推定することで、ちょうど良い粒度の確率種を教えてくれるのである。

　このことは、1 章で導入した統計学的存在論を見直すきっかけを与える。そこで述べたように、確率種、あるいは一般に自然種とは、それぞれ科学分野が、それによって世界を切り分ける存在の単位である（1 章 2-4 節）。こうした自然種は階層構造をなしている。例えば生態学的自然種であるヒトは分子生物学的自然種である細胞等からなり、それは化学的自然種である分子や元素からなり、またそれは物理学的自然種である陽子や電子からなり…というように。下位の自然種は上位の自然種を構成し、そのより解像度の高い描写を可能にする。実際、自然に存在する事物はおよそ物理的要因の組み合わせに過ぎないのだとしたら、どんなものであれ物理的な自然種を用いればより精確に記述することが可能だろう。では我々はなぜ、木や鳥などといった素朴で粗っぽい自然種について語り、それらを単に異なった仕方で凝集した粒子の雲とみなさないのだろうか。それは上位の自然種は、世界の描写としては確かに曖昧で不正確なところがあるかもしれないが、説明や予測という目的に対しては必要不可欠な役割を果たすからだ。例えば私は軒下に営巣した鳥がツバメであると認識することで、それが秋口には旅立ってしまうだろうと予測することができる。これと同じことを原子レベルで予測することは到底できないだろう。およそ日常レベルでの予測はすべて、世界の一部をこうしたカテゴリーで抜き出すことによって成立している。ダニエル・デネットは、このようにして抜き出される類型をリ

アル・パターン（real pattern）と呼んだ (Dennett, 1991)。「ツバメ」や「貴金属」などの自然種は、それぞれ特定の文脈において予測に寄与するリアル・パターンの例である。これらは、微視的に見たら多くのノイズや例外を含む粗っぽい一般化かもしれない。しかしそうだとしても、それが現実世界の予測に役立つ限りはリアルなのであり、その意味において、真に存在する事物として扱われる資格を持つのである。

　統計学に話を戻せば、自然種の一種である確率種も、上述のような階層構造を持ちうる。例えば同じ二変数間の関係をモデル化するにしても、あらゆる曲線を許容する多項式モデルのほうが、直線的関係しか描けない線形回帰モデルよりもより多くの情報量を持ち、より詳細に両者の関係性を記述することができる。よってもし我々の目的が自然の斉一性のより詳細な記述にあるのだとしたら、自由度の高い複雑なモデルの方がより真実に近い、リアルな描写を与えてくれるという点で、より優れていると判断されるだろう。しかし予測という目的に的を絞れば、詳細すぎるモデルは逆にノイズを含み、その動機を十分に達成することができない。むしろ予測には適度に粗い統計モデルを用いる必要があるのであり、AIC はそのようなモデルをデータから推定する、あるいはデネットの用語で言えば、データからリアル・パターンを推測するのである。ここでは二つの「リアル」が使い分けられていることに注意しよう。すなわち、一つはデータを生み出している実在的構造（確率モデル）をより良く近似するモデルがリアルであるという考え方であり、もう一つは将来的に生み出されるデータの予測により役立つようなパターンこそがリアルであるという考え方である。

　この二つの存在論的態度を区別することは、AIC が何であり、何でないかを理解する上でも役に立つ。一般に AIC は、真なるモデルを選ぶためのものではないとしばしば言われる (粕谷, 2015)。その一方、AIC は真なる分布からの距離を測るものであるとも言われる (赤池ほか, 2007)。これらは一見相反するように思われるが、しかし上の「存在」についての二義性を考慮すれば納得できる。つまり、前者において想定されている真なる存在とはデータの背後の確率モデルのことであり、その意味において確かに AIC はこれを近似するためのも

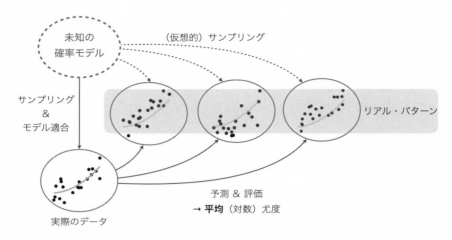

図 4.2　AIC は未知の確率モデルから得られたデータに基づきモデルを評価する（図左矢印）。その際、確率モデルを正確に描写するモデルを目指すのではなく、将来同じようなサンプリングを繰り返したとき得られるであろうデータ（図右）をうまく予想する、つまりそれらに平均的によく近似するようなモデルが選ばれる。これは未来にわたって現れるロバストな構造、すなわちリアル・パターンを特定することだと言える。

のではない。他方後者において想定されている実在とは、異なる時間／場所において確認されるリアル・パターンであり、この場合確かに AIC は手持ちのモデルがそうしたパターンにどの程度合致するかを評価する（図 4.2）。このように AIC では、統計モデルのリアル・パターンとしてのリアルさが重視される。あるいはそれは、統計学における「実在」の意義をそのようなものとして捉えなおそうとするものだと考えることもできるだろう。我々は 1 章で、統計学の存在論的前提として確率モデルを導入した。しかしなぜ、データとは別個にそのような存在を想定する必要があったのだろうか？　それは、そうした自然の斉一性の前提を置くことで初めて帰納推論が可能になるからであった。つまり統計学における「存在」には、導入のもともとの動機からして、データの生成プロセスをありのままに捉えるという描写的な機能よりも、予測を成功させるためという道具主義的な側面がある。であるとすれば、そのような目的をもって導入された存在物が、一つの形を持った「確率種」として切り出される際に、

その予測への寄与が基準となることは、むしろ首尾一貫した態度だと言える。
AIC はこのことを明示化し、確率種の持つリアル・パターンとしての実在性を
評価するものなのである。

　この議論の背後に控えるのは、科学とは、そして統計学とはそもそも何か、
何を目指しているのか、というより深い問いである。常識的な見方では、科学
の目的とは対象を忠実に写し取ることで、世界の真の姿を明らかにすることだ
とされる。その科学観に従えば、諸科学の基本概念である自然種は、現実世界
の構成要素を捉えたものでなければならない。つまり科学の存在論は、実際の
世界のあり方をできるだけ精確に模写したものでなければならない。そのよう
に世界の構造をしっかりと掴むことによって、科学は現実世界の予測や説明を
行うことができる。これは直観的にも非常にもっともらしい考え方だと言えよ
う。しかしそれが唯一の見方ではない。別の観点からすれば、科学の本来の目
的とは、世界が<u>どのようである</u>のかということよりも、<u>どのようになる</u>のかを
教えること、つまり様々な予測を成功させることだと考えることもできる (van
Fraassen, 1980)。まさにフランシス・ベーコンが述べたように、「知は力なり」
ということだ。そうだとすると存在論の主眼も、世界の忠実なレプリカを作り
上げることよりも、適度な抽象化や単純化を含んだリアル・パターンをしっか
りと同定することに置かれるだろう。これは、**プラグマティズム**（pragmatism）
に通ずる考え方である (Sober, 2008)。 プラグマティズムの始祖の一人である
ウィリアム・ジェイムズは、我々が持つ観念と外的世界の一致という伝統的な
真理観を捨て、真理とは役立つ観念に他ならないという、新しい真理論を提示
した (James, 1907)。これに従えば、「何々のものが存在する」という主張が真
であると認められるのは、そのような信念が一定の目的、現在の文脈では予測
という目的に資するときである。つまり存在するから認識に役立つのではなく、
むしろ帰納推論に役立つものが、自然種／確率種としての存在を認められる。
このようにプラグマティズム的な科学存在論は、存在と認識の関係性を逆転さ
せるのである。

　ここで重要なのは、何が「役立つ」のかは文脈によって変わりうることだ。

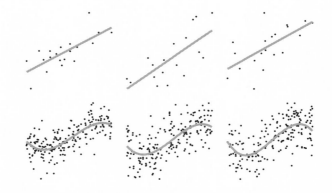

図 4.3　同一の確率モデルから、異なるサンプル数（上段 $N = 20$、下段 $N = 200$）で 3 回ず
つデータを取り、各データセットでモデルを評価した例。データが少ない場合は単純な線形関係
しか見られないが、多くなると 3 次曲線が浮き上がってくる。上段では線形モデルの AIC が低
く、下段では 3 次曲線モデルが低くなっている。つまりデータの量によって、「リアル」とされる
パターンは変わってくる。

これは AIC が対象とする予測問題でも同様であり、どのモデルが選ばれるか
は、我々がその予測に対してどれだけのデータを持ち合わせているかによって
変わってくる（図 4.3）。モデルの対数尤度の絶対値はサンプルの数が多いほど
大きくなるので、データ量が大きければパラメータ数によるペナルティの重要
度は相対的に下がり、複雑なモデルが選ばれやすくなる。逆にサンプルサイズ
が小さい時は倹約的なモデルの方が優先される。このように、どの確率種がリ
アルなパターンとして抜き出されるかは、世界の客観的構造だけでなく、どの
程度のデータを持ち合わせているのかという我々の側の事情によっても決まっ
てくる。AIC のこの特徴はしばしば、**統計的一致性**（statistical consistency）の
欠如として批判されてきた。一致性とは、データを無限に増やしていったとき、
推定値が真値に収束することを指す。例えばベイズ推論では、サンプル数が無
限大に近づけば事後分布は真なる分布に一致する（2 章 3-3 節）という意味で、
一致性を持つ。一方で AIC は、上に述べた性質により、サンプル数が無限に近
づいたとしてもデータ生成プロセスに忠実なモデルが選び出されるわけではな
い (Sober, 2008; 粕谷, 2015)。しかしこれは AIC の目的にとって何ら問題では

ない。というのもその目的は、予測に役立つリアル・パターンを同定すること
であり、そして予測とは結局限りあるデータ資源をやりくりして行うものであ
る以上、どのパターンが「リアル」かは認識者（あるいはより正確に言えば、認
識者が予測に用いるデータの量）によって変わってくるからだ。それはちょう
ど、犬がリアルだと感じているだろう匂いのパターンと、我々人間が識別する
匂いのパターンが異なるようなものだ。嗅覚において遥かに劣る我々が嗅ぎ分
けられるパターンは、犬からすればたいそう粗雑な区分に映るかもしれない。
しかしそれが夕食の献立の予測に役立つ限り、カレーの匂いや蒲焼きの匂いは
確かに実在する、リアルなパターンなのである。このように認識者（犬、人間）
が持つ嗅細胞の数によってリアルとみなされる匂いのパターンが異なってくる
のであれば、同様に認識者が持つデータの量によってリアルとみなされる確率
種が異なってくるのも、そうおかしなことではないだろう。AIC はこのような
意味で、限られたデータを用いた世界の予測というプラグマティックな観点か
ら世界を区分するのである。しかしこうしたプラグマティズム的実在論は同時
に、認識者が異なれば、また違ったリアル・パターンが浮き出てくるという可
能性を含意する。この存在論の相対性については、ある点で AIC とは対極的な
予測問題に対するアプローチである深層学習を概観した後で、再び検討するこ
とにしよう。

3　深層学習

　本節では、予測に特化したもう一つのアプローチとして、機械学習、とりわ
けその中でも近年最も成功を収めている**深層学習**（deep learning）を取り上げ
る。まずはじめに深層学習モデルの大枠を説明した後、それがどのような仕方
で予測問題を解決するのかを検討する。

3-1　多層ニューラルネットワークの構成

　近年深層学習は多種多様な問題へと適用されるようになっているが、その最も主要な課題は、やはり本章で扱ってきたような予測問題である。例えば示された画像を類別したり、レントゲン写真から病変を検知したり、音声スピーチをテキストに書き起こしたりする課題はすべて、ある入力・説明変数 x が与えられたときに最も適した出力・目的変数 y を返すという予測問題の事例である。その意味において、少なくともこのような課題に対応する深層学習モデルは、先に見た回帰モデルの一種であると言える。しかしながら、従来型のパラメトリック統計モデルと異なり、深層モデルは膨大な数のパラメータからなる極めて複雑な構造を有する。それはいわば、"Less is more" を体現する AIC の考え方とは真逆であると言えよう。また一方で、その適合方法には、赤池の手法のところで見たものに類似した発想が取り入れられている。以下では、深層モデルの構造とその適合の方法について、非常に簡単に紹介しよう。

　深層学習における標準的なモデルは、**多層ニューラルネットワーク**（deep neural network）である（図 4.4）。ニューラルネットの一つ一つのノード（ニューロン）は確率変数を表し、これを配置した層を積み上げることでモデルが構築される。

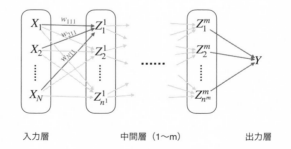

入力層　　　　　　　　中間層（1〜m）　　　　　　出力層

図 4.4　多層ニューラルネットワークの例。入力層 $\boldsymbol{X}$ は中間層 $\boldsymbol{Z}^1, \boldsymbol{Z}^2, \ldots, \boldsymbol{Z}^m$ へと逐次投射され、最終的な出力 Y へと至る。それぞれの投射は回帰モデルを構成する。モデルによって、投射の仕方や層の構成などは異なる。このように各層のノードが全部配線されているモデルは、特に多層パーセプトロン（multi-layer perceptron）と呼ばれる。

このモデルでは、図の左側の層から右の層に向かって順番に値が計算されることで最終的な出力が決まる。最初に一番左端の入力層（$x_1, x_2, \ldots, x_N$）がデータを受け取る。これは上述の回帰モデルでの説明変数に相当する。ただし伝統的な回帰モデルの入力・説明変数はせいぜい数個から数十個であるのに対し、深層モデルは極めて多くの説明変数を持つ。例えば 256×256 ドットの白黒画像から対象を識別するような比較的単純なモデルでさえ、各ドットの明暗を数値で表す 65536 個の入力変数を持つことになる。通常の画像、動画、音声データなどはこれよりも遥かに大きなサイズとなる。次にこれら入力層の各変数は、次の中間層（$z_1^1, z_2^1, \ldots, z_{n^1}^1$）へと投射される（ここで上付き文字はこれが 1 層目の中間層であること、下付き文字はこの層を構成する n^1 個のノード・変数に付けた通し番号を示している）。中間層のそれぞれの変数は、入力層の値を受け取って値を決定する。実際、それら一つ一つは前節で見たような回帰モデルになっており、例えば一番上の変数 Z_1^1 の値は

$$z_1^1 = f(w_{011} + w_{111}x_1 + w_{211}x_2 + \cdots + w_{N11}x_N) \tag{5}$$

というように書ける。ここで括弧の中は、既出の線形回帰モデルに他ならない。最初の切片 w_{011} はベースライン、i 番目の重みパラメータ w_{i11} はそれぞれの入力 x_i の影響力を示す。変数 Z_1^1 の値は、このように重み付けされた各入力の合計を、ある活性化関数 f に通すことで得られる。活性化関数には色々あるが、代表的なのは次の正規化線形関数（rectified linear function/unit; ReLU）

$$f(u) = \max(u, 0)$$

である。これは単に、式 (5) の括弧内がゼロ未満であればゼロを、ゼロ以上であったらその値をそのまま返すような関数である。中間層の各ノードは入力が閾値であるゼロを超えたらその値に応じて「発火」し、それ以外の場合は不活性に留まる、とイメージすれば良い。これを $z_1^1, \ldots, z_{n^1}^1$ のすべての変数で計算することで、中間層 1 層目の値が定まる。

　多層ニューラルネットは、このような中間層を何層も重ねることで構成され

る。各中間層は、上と同じような仕方で、つまり $j+1$ 層目の各ノードは j 層目のノードをそれぞれ入力とした式 (5) と同様の回帰モデルによって決定される。そして最終的に、最終中間層の値は、似たような回帰モデルによって出力 y に関係付けられる。出力への回帰モデルは目的に応じて様々な形が考えられる。例えば連続値の予測であれば単純な線形回帰、離散的なカテゴリーへの分類であれば閾値に応じて特定のラベルを返す活性化関数（ロジスティック関数やソフトマックス関数）が用いられる。

　このように、多層ニューラルネットは、一つ一つのノードが回帰モデルをなし、それが層を形成し、かつその層が幾重にも積み重なることで構成される。そして説明変数 $\boldsymbol{x}$ からの入力はそうした膨大な中間層を通じ最終的に一つの出力／目的変数である y に帰着するので、多層ニューラルネットそれ自身も一つの巨大な回帰モデルであると考えることができる。実際、この全体を

$$y = g(\boldsymbol{x}; \boldsymbol{w}) \tag{6}$$

とコンパクトに表すこともできる。これは多層ニューラルネット g の挙動がパラメータの集合 $\boldsymbol{w}$ によって決定され、そこに具体的な入力 $\boldsymbol{x}$ が与えられると出力 y が決まる、ということを示している。したがって本書の言葉遣いを踏襲すれば、多層ニューラルネットもまた、一つの確率種なのである。しかしそれは極めて巨大かつ複雑怪奇な確率種である。その大きさは用途によって異なるが、現在の深層学習で用いられるものは何十層もの中間層を持ち、その総パラメータ数も百万、千万個を超えるものが一般的である。つまり上式 (6) はその見た目のシンプルさに反して、実に何千万次元のベクトルパラメータ $\boldsymbol{w}$ を持ち、関数 g も実際に書き下すことは到底かなわないような複雑な形を有しているのである。

3-2　深層モデルの学習

　しかしこのようにモデル／確率種を構成しただけでは、まだ何の役にも立たない。次に行うべきは、これを実際のデータ（これを訓練データと呼ぶ）に当てはめることで、上述のパラメータを調整していくこと、すなわちモデルの学習である。我々は本章の冒頭で、モデルをデータに適合させる代表的な手法として、最尤法を見た。最尤法は、モデルの尤度をパラメータの関数と見て、その最大値、すなわちそのもとでデータの確率が最も高くなるようなパラメータの組を、尤度関数の「山登り」で求めるのであった。深層学習でも、基本的に同様の手法が用いられる。ただし慣習的に、対数尤度の符号を反転したものを用い、それを最小化する「谷下り」によってモデルを学習させることが多い。これは単に上で見た最尤法を上下逆さまにしただけであり、本質的には同一である。この場合、目的となる負の対数尤度は、モデルの当てはまりの悪さを表す損失ないし誤差と解釈できるため、**誤差関数**（error function）ないし**損失関数**（loss function）と呼ばれる。誤差としては他にも、こちらも前述した最小二乗法などを用いて計算することがある。この場合、それぞれのデータ点 i について、モデルの最終出力 $\hat{y_i}$ と現実の値 y_i との差の二乗 $(y_i - \hat{y_i})^2$ を訓練データ全体で総計したものを最小化するようなパラメータを目指すことになる。

　このように深層モデルであっても、学習の基本的な筋道は伝統的な統計モデルと変わらない。しかしながら、複雑で巨大な多層ニューラルネットの学習は、特有の困難を抱える。一つは、パラメータ数が膨大であるため、学習の「谷下り」を膨大な次元、例えば百万から千万次元で行わなければならない、ということである。我々は上で最尤法の一つの方法として、特定のパラメータの組をスタート地点として取って、対数尤度関数やその他の誤差関数を微分することでその場での関数の傾き（勾配）を計算し、その傾きの方に少し歩みを進め、またそれを更新されたパラメータ値で行う、ということを繰り返して尤度を上げていく（ないし誤差を下げていく）ということを見た。深層学習ではこれを膨大な数のパラメータ全部に対して行うために、**誤差逆伝播法**（backpropagation method）という手法を用いる。これは基本的に、まず出力層に一番近い層のパラメータによって誤差関数の（偏）微分を行い、それを徐々にはじめの方の層へと広げていく、という方法である。詳細は省くが、このように順繰りに計算していくことにより、原理的には何万、何億というパラメータ次元を持つモデルであっても、任意の点での誤差関数の傾きを求め谷下りを行うことが可能になる。しかしこれはあくまで理論上の話であり、実際の計算の段では技術的な困難が生じる。誤差逆伝播法の計算は、パラメータの微分係数を出力層から入力層に向かって何回もかけ合わせていくことに相当し、その結果としてその値がゼロに消失あるいは無限に発散してしまう可能性がつきまとうのである。この**勾配消失問題**（vanishing gradient problem）により、特に多数の層からなる深層モデルを学習させることは非常に困難であった (岡谷, 2015; 瀧, 2017)。

　また仮に勾配計算がうまく行えたとしても、前述したように、一歩一歩の谷下りによって最適点に達することができるかどうかは、谷の地形を決める誤差関数がどんな形をしているかによる。ところが非常に複雑な構造を有する深層モデルでは、その誤差関数が図 4.1 のように、どこから出発しても一つの最適点に至るようなシンプルな形をしているとは期待できず、むしろ山あり谷ありの極めて複雑な形状をしていると想定される。よってどの出発点をとっても、全体的な最適解に至ることはほぼ望めず、たいていは局所的な答えで満足するより他はない。これに加え、より実用的な見地から問題になるのは、過学習のリスクである。前節で見たように、モデルはパラメータ数が多いほどデータに合わせて自由に適合することができるが、その結果、訓練データに固有のノイズを学習してしまい、新しいデータに適用した際のパフォーマンス（これを汎化性能という）がかえって落ちてしまうことがある。この点、膨大なパラメータを有する多層ニューラルネットは、極めて自由度が高く、どのようなデータに対しても任意の精度で適合することが可能である。これを**万能近似性**（universal approximation property）というが、深層モデルはこの万能性を有するがゆえに、かえって特定のデータに対して過学習を起こしてしまい、汎化性能を失ってしまうという問題がつきまとう。こうした問題群が、初期の深層学習研究の大き

な壁となった。

　昨今の深層学習の目覚ましい発展は、主にこれらの問題に対する様々なブレークスルーによるところが大きい。勾配消失や過適合を防ぎつつ、巨大な多層ニューラルネットを効果的に学習させる主な方法としては、次の三つが挙げられる。

1. ネットワークの構造や構成要素を工夫することで、大規模なモデルでも学習しやすくする方法。前述の説明では、各層のノードは次の層のノードすべてに影響を与えていたが、必ずしもこのように全投射である必要はない。例えば各ノードが、前層の一部のノードだけから投射を受けるように中間層を設計することで、パラメータ数を減らすことができる。このような構造を持つモデルの一例として畳み込みニューラルネット（convolutional neural network; CNN）があり、これは主に画像認識で力を発揮するとともに、多層のモデルでも学習させやすいという利点を持つ。また活性化関数（5）に何を用いるかも重要である。以前はシグモイド関数やロジスティック関数が用いられていたが、近年では上述した正規化線形関数が用いられるようになり、これによって勾配消失問題が大きく改善された。

2. 事前学習やドロップアウト、バッチ正則化など、モデルを部分的に学習させていく方法。深層モデルの学習が困難なのは、膨大なパラメータが相互の調整過程に大きく干渉し合うからである。そこで多層モデルを分解し、部分ごとに学習させていくことが考えられる。例えばニューラルネットを一層ごとに「事前に」学習させ、それを最後に組み合わせて再び全体で学習させることで、勾配消失や過適合が防げることが知られている。一方ドロップアウトでは、多層ニューラルネットのいくつかのノードをランダムに選び、その選ばれた部分だけからなるいわば「歯欠け」のモデルでパラメータを調整する、というプロセスを繰り返すことで学習を行う。

3. 最適化の対象である誤差関数に手を加えることで、ネットワークの自由度を減らす方法。代表的な方法としては、尤度や二乗誤差などを最適化する際に、なるべく小さいパラメータの値になるようにモデルを学習させるこ

とが考えられる。この場合、誤差関数に各パラメータの二乗和 $\sum_i w_i^2$ 等を
重み付けたものを加え、この全体を最小化すればよい。これは前節で見た
AIC のように、パラメータに対してペナルティをかけることで、モデルの
自由度を制約する（ただしこの場合のペナルティはパラメータの数でなく
その大きさにかかる）。こうした手法を**正則化**（regularization）と呼ぶ。
もちろんこれらの手法は排他的ではなく、むしろ組み合わされて使われるのが
一般的である。現在ではこれらの手法によって、何万、何億のパラメータから
なる巨大な深層モデルでも、データへの過適合を防ぎ汎化性能を保つような仕
方で学習を行うことが可能になっている。

4　深層学習の哲学的含意

4-1　プラグマティズム認識論としての統計学

　近年における深層学習の成功およびそれに根ざした人工知能（AI）ブームは、
我々の暮らしぶりや社会構造のあり方までを変革しようとしている。こうした
成功は、ベイズ統計や古典統計といった伝統的な統計学の考え方に対して、あ
る種のパラダイム・シフトを促す。それは一言で言い表せば、真理から予測へ
のシフトである。我々がこれまで見てきたように、伝統的な推測統計における
中心的な課題は、データの背後にある自然の斉一性ないしその理想的モデルで
ある確率種をできるだけ正確に推論することであった。未知なるデータの予測
が問題となるときも、そうした予測は常に確率種の推論を経由して初めてもた
らされるのであった（1 章図 1.2）。このような意味において、ベイズ統計や古
典統計などの伝統的な統計学の枠組みでは、世界の真なるあり方をできるだけ
正確に把握するということがまず第一の目的となる。
　他方、上で素描したモデル選択理論や深層学習において、モデルの正しさは
必ずしも第一の目的ではない。AIC を用いたモデル選択では、モデルの真偽で

はなく、手持ちのデータ量と組み合わせたときにどれがより良い予測を与えて
くれるかという、道具的な観点が重視されているのであった（本章 2-4 節）。同
じことは深層学習モデルにも当てはまる。確かに深層学習は、複雑なデータ生
成プロセスを捉えられるような極めて自由度の高いモデルを構築する。しかし
その学習において、このモデルが実際に真なる分布に到達するという保証はな
いし、むしろ尤度関数の複雑さを考慮すればそれはほとんど不可能であるとす
ら考えられている (瀧, 2017)。そうであっても、その後の予測タスクにおいて
満足できる性能を発揮できればそれで十分なのであって、よってここでも主眼
となっているのはモデルの真偽よりもむしろその有用性なのである。

　現代統計学における真理から予測へのこの関心の推移は、どのような認識論
的含意をもたらすだろうか。あるいは別の言い方をすれば、モデル選択理論や
深層学習理論は、どのような認識論として捉えることができるだろうか。これ
を考える糸口としてまず取り上げたいのは、伝統的な認識論への対抗馬として
20 世紀後半に提唱された、**プラグマティズム認識論**（pragmatist epistemology）
である。我々が本書でこれまで扱ってきた伝統的な哲学的認識論は、真理の獲
得をその第一の目的としてきた。内在主義にしろ外在主義にしろ、知識とは真
なる信念であり、正当化は信念の正しさを何らかの形で保証するためのものと
して理解されてきた。こうした理解の根底にあるのは、世界のあり方をできる
だけ忠実に写し取る「自然の鏡」としての認識観である (Rorty, 1979)。つまり
正しい認識とは、あたかも鏡が対象を映し出すように、外なる世界のできるだ
け忠実なイメージを精神において作り上げることだとされる。しかしローティ
に言わせれば、このように主体と客体、精神と世界を分ける考え方も、一つの
形而上学に過ぎない。しかもこのような認識観を受け入れるや否や、我々の認
識が外的な世界を本当に正しく映し出しているということをいかにして確かめ
られるのか、という懐疑論的な難問に直面することになる。このアポリアに対
してローティが提唱するのは、よりプラグマティックな認識論である。すでに
示唆したように、プラグマティズムはすべての信念や概念を、それが我々の行
動やその結果生じる帰結にどのような違いをもたらすか、という観点から評価

する。例えば、「ガラスは割れやすい」という信念を持っている人と「ガラスは決して割れない」という信念を持っている人では、とる行動が変わってくるだろうし、またその結果としてどちらがより良く日々の様々な局面を切り抜けられるかにも違いが出るだろう。後者のように考える人は、窓ガラスに全身で寄りかかったり、ガラスで釘を打とうとしたりするかもしれない。その結果、怪我をしたり、場合によっては命を落としてしまうこともあるだろう。このような信念は明らかに有用ではない。一方、「鉄はガラスより固く割れにくい」という信念を持っている人は、金槌を使うことで釘を打つという目的をより良く達成できるだろう。このようにそれぞれの信念は道具としての価値を有しており、ある信念は有用であるのに対し、他の信念はそうではない。プラグマティストは、信念はこうした有用性の観点から評価されるべきであって、それが（どのような意味であれ）「正しい」かどうかはせいぜい副次的な問いであると主張する。つまり真であるということは信念にとって内在的・第一義的な価値ではなく、むしろそれが日常や科学の実践において我々を望む結果へと導くかどうかこそが信念の「良さ」を決める本来的な基準とされるのである。

　プラグマティストの言うように真理が内在的な価値を持たないのだとしたら、認識論のあり方も大きく変わらざるをえない。伝統的な認識論は、我々を含めた認識システムを、真理促進性の観点から、すなわちそれがどの程度真なる信念に到達できるかという観点から評価してきた。しかしもし信念は真理ではなく他の様々な有用性の指標によってその価値を測られるのだとしたら、認識システムも同様に、それらの多様な目的にどの程度貢献するかによって評価されなければならないだろう。ここからプラグマティズム認識論を標榜するスティーブン・スティッチは、認識プロセスは真理を生み出すための装置としてではなく、むしろ「さまざまな目標を成し遂げるにあたって多かれ少なかれうまく使用できるような道具、技術、習慣に似たもの」として考えられるべきだと主張する (Stich, 1990, 邦訳 237-8 頁)。実際我々は、日々の生活や仕事において、自身の認知機能を様々な目的のために使用している。それは目的地まで安全に車を運転することかもしれないし、より美味しい料理を作ることかもしれないし、碁

盤上のより広い陣地を確保することかもしれない。これらのどの局面にも、高度な認識プロセスが介在している。しかしそれらは性質の異なった認知機能の表れであり、そのすべてを「真理」という共通のものさしで測るのは困難であろう。むしろそれぞれの局面において到達されるべき目的や価値は異なり、よってそこで使用される認識プロセスの良さもまたこうした個別的な評価軸——すなわち安全かつ的確に運転したり、料理を美味しくしたり、囲碁で相手に勝つのにどれくらい役立つか——で判断されるのである。

　こうしたプラグマティズム認識論は、深層学習に代表されるような現代統計学の一つの潮流に親和性を持つように思われる。もちろん、モデル選択や深層学習でも「分布の正しさ」や「真なる分布」という概念が不要になるわけではない。しかしそれらは、探究のゴールとして位置付けられるのではなく、あくまでより良い予測や制御を導くための道具的な仮定として用いられる (小西・北川, 2004, p.3)。つまりモデルの重要性は、それがデータ生成プロセスを忠実に表現しているかということよりも、それを用いることで効果的な予測や分類が可能になるということに存する。このことは、1 章で紹介した「すべてのモデルは偽であるが、そのうちいくつかは役に立つ」というジョージ・ボックスの言葉に端的に要約されている。ボックスはその後にこう続けている：「よって問われるべきは『このモデルは真であるか？』ということではなく（というのも絶対にそうではないのだから）、むしろ『このモデルはこの特定の用途にとって十分に良いだろうか？』ということである」(Box et al., 2009, p.61)。これは、モデルの価値は真偽ではなく実践における有用性で判断されるべきだという、プラグマティズムの考え方を良く表している。そしてまたスティッチの指摘を裏付けるように、現代の統計モデルは様々な用途へと応用されており、その目的は必ずしも真理ではない。よく知られているように、車の自動運転、自動翻訳、囲碁、ビデオゲームの操作、絵画、作曲や演奏など、深層モデルは様々な分野に応用され、目覚ましい成果を上げつつある。これを可能にする深層モデルは、複雑な認知タスクをそれぞれの用途や状況に応じてこなす、高度な認識プロセスだと言ってよいだろう。ただしそれは、物事の真なる姿や原理を記述する

学問的知識と言うよりも、職人やスポーツ選手、芸術家などが持つ技術知により近い。そしてアリストテレスが述べたように、技術知は必然普遍の真理に照らし合わせて判定されるのではなく、むしろそれが特定の目的にどの程度資するかという観点から判断される (Aristotle, 1971, 1139a20-1140a20)。同様に深層モデルの良し悪しは、それぞれの技術的タスクが定める誤差関数に相対的な形で判断される。プラグマティズム認識論は、我々や機械の認識プロセスのこうした多様なあり方を、「純粋」な認知活動の単なる応用問題として片付けるのではなく、帰納推論の一形態として同列に扱う視座を提供するのである。

4-2　機械学習と徳認識論

　プラグマティズムは、我々（や機械）の知的営みを、真理の探究とは異なる観点から評価することを促す。その意味でそれは、旧来の認識論では捉えきれない現代統計学の主要な一側面を、うまく表しているように思われる。しかしこうしたプラグマティスト的な有用性への探究精神が、現代の機械学習の成功と普及の背景にあったことを認めたとしても、だからといって現代統計学は真理の探究と完全に手を切ってしまったわけではない。伝統的な統計学が商工業的応用と科学的探究を両輪として発展してきたように（3章3-2節）、深層学習もまた、様々な科学分野へと応用され始めている (橋本, 2019)。とりわけ複雑なビッグデータを扱う物理学、化学、生物学、経済学や社会学、はては人文学に至るまで、今後様々な仕方で機械学習モデルが活かされていくと予測される。そしてそうした適用の主要な目的は、各科学分野で探究される現象や原理についての正しい知見を得ること、つまり真理を獲得することだろう。例えば Iten et al. (2020) では、深層モデルが事前知識なしに観測データのみから物理的に意味のあるパラメータや法則を発見できたことが報告されている。またこうした発見法的な使用のみならず、これまでベイズや検定理論などの伝統的統計学が担っていた科学的正当化の役割も、今後は機械学習的な手法に担われるようになっていくかもしれない。例えば極めて複雑で巨大なデータを対象とする科

学的仮説のうちどれが最も有望かを、機械学習モデルによって判定するというようなことが考えられる。今後こうした応用は、科学的探究の営みを飛躍的に進展させるだろう。

　しかしこうした進展は、これまで本書で論じてきたような正当化にまつわる認識論的問題を再び我々に突きつけることになる。確かに、機械学習モデルは我々の認知機能ではとても処理しきれないような大量のデータを扱い、複雑な問題に答えを与えてくれる。では我々は、そのようにして得られた答えを「知識」とカウントして差し支えないのだろうか。例えば今後、機械学習によってこれまで未知であった物理法則が発見されたとしよう。このとき我々は、ニュートンやアインシュタインによってもたらされたのと同様の意味において、物理世界についての理解や知見を広げたと言うことができるのだろうか。つまりより一般的に言えば、深層モデルによってもたらされる発見や答えは、認識論的に正当化されていると言えるのであろうか。またそうだとしたら、それはどのような意味でそうなのだろうか？

　この問いを考えるにあたりすぐに思いつくのは、3章で取り上げた信頼性主義を再び援用することだろう。それによれば、信念が正当化されるとは、それが信頼できる認識プロセスから生み出されるということと同義である。そして深層モデルは、我々の認知能力が及ばないような複雑な状況下でも、信頼できる判断を下すように学習された認識プロセスであると言えよう。確かにそれは、視覚や記憶などとは違い、我々にとって外的なプロセスではある。しかしそれは信頼性主義にとって本質的な問題ではない。なんとなれば、今日我々が下している認識的な判断の多くも、望遠鏡や計算機などといった無数の外的プロセスに依存しているからである。つまり機械学習の登場を待つまでもなく、我々は古くからそうした外的な道具を用いることによって、自身の認識プロセスを拡張・補強しているのである。またそもそも、「内的」なものとしての生得的な認知機能と、「外的」な深層モデルの間には、認識プロセスとして見た場合、実はそこまで本質的な違いはないかもしれない。ヒトの感覚や推論、記憶能力など、我々が「内的」と呼ぶような生得的認識プロセスは、進化と学習の産物である。

つまりそれは自然選択と試行錯誤の繰り返しによる最適化によって形成された形質の一つである[5]。一方で、深層モデルの持つ強力な「認知機能」も、似たような最適化によってもたらされることを我々はすでに上で見た。とりわけモデル同士を互いに競い合わせる**敵対的生成ネットワーク**（generative adversarial networks; GANs）と呼ばれる手法では、適応進化における種間の「軍拡競争」のような形で、モデルの性能が改善されていく。そうだとすると、我々にとっていわゆる「内的」な生得的器官も「外的」な深層モデルも、同様の最適化過程によってもたらされた認識プロセスとしては質的には変わることはない。以上のことを考え合わせれば、深層モデルを拡張された認知機能の一部として信頼性主義における正当化プロセスの内に組み入れることには、何ら問題はないように思われる。

　この見方に基づけば、信頼できる深層モデルから得られた科学的結論は、外在主義的な意味で正当化されていると言えそうだ。しかしそれで話が終わりというわけではない。我々は3章で、古典統計の推論を信頼性主義的な正当化プロセスとして描写した。そこでポイントとなったのは、検定などの推論プロセスの信頼性は、古典統計理論によって理論的に裏付け、見積もることができる、という事実である。つまり検定については、それがどの程度信頼できるかを、信頼係数や検出力などといった具体的な数値として導き出す理論的な手立てが存在する。一方で、深層学習においては、モデルの信頼性を一元的かつアプリオリに導くような理論は未だ存在しない。深層モデルの性能は、MNIST や ImageNet などといった標準的なデータセットをどれだけ上手く処理できたかという、いわばアポステリオリな形で立証されることが一般的である。つまり何々のモデルは、云々のデータセットに含まれる画像のうち 95% を正しく識別できた、というような仕方で性能が測られる。確かに、こうしたベンチマークは深層モデルの信頼性をアポステリオリにであれ立証し、またそこで優秀な成績を収めた

---

[5]適応進化はしばしば、適応度地形上の山登りにたとえられる。生物の適応度はそれが持つ形質と環境の相互作用により定まる。深層モデルにたとえれば、適応度はモデルの尤度や予測精度、形質はパラメータに該当する。すると自然選択は、適応度（尤度）を上げるように形質（パラメータ）を変えていく最適化プロセスであるとみなせる。生物進化と機械学習の類縁性については、大塚 (2019) を参照されたい。

モデルの結論は正当化されると言えるだろう。しかしそうした評価はあくまで、個々のモデルについてその都度、個別的な仕方で得られるものである。別の言い方をすれば、深層学習において、信頼性はモデルに個別的に（あるいは意地悪な見方をすれば場当たり的に）帰属されるのであり、何らかの理論や原理から一律に導き出されるのではない。このことは、信頼できるモデルの「ブランド化」を引き起こす。というのも、個別的なベンチマークによって測られるのはまさにその個別的なモデル自体、ないしそれ特有の性質だからである。実際、深層学習研究においては、(Goog)LeNet、Alpha Go、Word2Vec、BERT、GPT-3 など、それぞれのモデルにカラフルな名前がつけられ、モデルの信頼性はその名前／ブランドとともに語られるようになっている。これらのモデルは標準的なベンチマークやタスク処理などに対して高い性能を発揮したということでその信頼性が認められ、幅広く応用されてきた。こうした状況が示唆するのは、深層学習においては、モデルの信頼性はそのモデル自体が持つ性質として、いわば属人的ならぬ属物的ないし「属モデル的」な仕方で理解される、ということである。

　我々はこうした属物的な信頼性とそれに基づく正当化概念を、どのように理解するべきだろうか。これを考えるにあたって参照したいのが、**徳認識論**（virtue epistemology）と総称される、近年の認識論の一展開である (Sosa, 2007; Zagzebski, 1996)。　徳認識論は、正当化の根拠を、認識する主体自身が持つ性質や性格、すなわちその認識的徳（epistemic virtue）に求める。このアイデアは、倫理学の一つの考えである徳倫理学に由来するので、まずそこから説明を始めよう。倫理学においては、ある人物が行った行動が倫理的な意味で「善い」とはどういうことか、という問いに対し、様々な答えが提案されてきた。例えば街頭募金に義務感から嫌々募金した人と、博愛精神から進んで募金した人を考えてみたとき、どちらがより善い行為だと言えるだろうか。功利主義的に考えれば、動機がどうであれ、両者の募金行為は同じだけの結果を生み出すので、二人の間に違いはない。これに対し徳倫理学者は、後者はその人の有徳な精神から行われた行為であるという点で、より善いものであると考える。一般的に

徳倫理学において、行為は博愛精神や慈愛、誠実さなどといった行為者の徳の現れであるとき、善いものであるとされる。

　話を認識論に戻せば、徳認識論においては、これと同様に、ある信念は、それが認識者の認識的徳の現れであるとき正当化されるとされる。ここで何が認識的徳とされるかは論者によって意見が分かれるが、知覚の鋭敏さ、記憶力、推論能力、好奇心、公平性、謙虚さなどがよく挙げられる。日本語で「徳」というと何やら崇高な、あるいは人によっては説教じみた印象を持つかもしれないが、なんてことはない、徳認識論で言われる「徳」とは、物事の認識の関わる限りで人が有する能力や長所などの総称に過ぎない。徳認識論は、信念がその認識主体の持つこうした能力によって得られたものであるとき、正当化されると考えるのである。実際、我々が日常や専門的な事柄において、素人よりも専門家の意見を尊重するのは、こうした正当化概念を暗黙裡に踏まえてのことだと思われる。例えば鳥について全くの素人である私が、友人の鳥類専門家とともにハイキングをしていて、川辺で鳥を見たとしよう。私はそれをカワセミだと判断したとする（というのも、なんとなく名前からしてカワセミは川にいそうだと思ったからである）。一方、友人の専門家も同じようにカワセミだと判断したのだが、それは彼女のバードウォッチャーとしての観察力や鳥類の生態、その場の環境や気候などについての豊富な知識に裏付けられたものである。このとき我々は、私のカワセミであるという信念は正当化されてはいないが、友人の信念は正当化される、と考えるのではないか。それというのも、私の判断は単なる思いつきに過ぎないのに対し、友人の判断は、彼女の専門家としての能力ないし認識的徳に根ざすものだからである。一般的に、我々はより注意深かったり、頭の回転が早かったり、物事に詳しかったりするような人が下す判断を、より正当化されたものとして受け入れる傾向がある。徳認識論は、我々が日々の認識的判断において暗黙裡に参照しているこうした属人的性質を、正当化概念の根本に据えるのである。

　徳認識論の特色は、正当化の担い手を認識する主体の内に求めるというところにある (Sosa, 2009, pp.187-8)。つまりある信念が正当化されるかどうかは、そ

の信念を持つ主体に属する認識能力ないし徳により決まってくる。ソウザはこの認識的徳を、真理促進的な傾向性（truth-conducive disposition）、すなわち通常の環境において主体をより良く真理へと導くような性質だと言い換える (Sosa, 2009, p.135)。 例えば向日葵には明るい方を向いて咲き、カエルには目の前で動く影を捕食するという傾向性があるように、聡明で注意深い人には正しい信念を得やすいという傾向性がある。こうした傾向性はそれぞれ、向日葵やカエル、あるいはその人自身という個別的な事物・個人に帰属する性質ないし能力である。これらの性質や能力の幾分かは、各生物種の長い進化の歴史において培われた生得的な形質であり、また幾分かは誕生後の発達や学習の過程によって習得された後天的な性質だろう。しかしいずれにせよ、それらが歴史的過程において各個物・個人の内に形成された属物的、属人的な能力であるということに変わりはない。徳認識論にとって正当化とは、このように系統発生や個体発生という歴史的過程において形成された各個人の認識能力が、適切な仕方で発露する、ということに基づけられるのである[6]。

　同じ仕方で、適切に学習された深層モデルは認識的徳を有する、と言えるだろうか。そのように言えない理由はない、と私は考える。といってもそれは機械が人格を持つとか、人工知能と人間の知性の間に差がないということを意味するのではもちろんない。ここでの有徳性とはあくまで徳認識論で用いられる限りでの専門用語であり、何らかの最適化プロセスによって個物の内にビルトインされた特定の能力を指すに過ぎない。このように限定された意味であれば、深層モデルの内に認識的な徳を認めることは、十分可能であるように思われる。というのもそれは、先に述べたように、生物進化に類比的な最適化プロセスによって特定の問題を処理する能力を獲得し、その能力は一定のベンチマークによって経験的に裏付けられるからだ。例えば上で触れた Iten et al. (2020) の SciNet は与えられたデータの内から物理法則を発見し、Alpha Go はトップレベルの棋士を打ち負かす能力を持つ。認識的な徳とは、これらのモデルが有する認識能

---

[6]となると次は当然、「適切な仕方」とはどのような意味か、ということが問題になってくるが、これについては上枝 (2020) を参照されたい。

力に他ならない。そうだとすると、それらのモデルが下す決断は、それがそうした認識的徳に由来するものである限り、徳認識論的な意味で正当化されると言えるだろう。つまりそれは、公平で知られる裁判官の判決や、私利私欲のない名医の診断や、思慮深い学界の権威の提言が信頼され、正当化されると人々が考えるのと同じような意味で、ベンチマークによって示されたモデルの真理促進的な能力に準じて、認識論的に正当化される可能性を持つのである。

　人によっては、推論の正当化を属人的な性質に帰着させる徳認識論の考え方は、非科学的で時代遅れの見方のように映るかもしれない。実際、徳倫理学や徳認識論のルーツは、個人や個物はそれ自体の本質を持っており、幸福や卓越はこうした本質が発揮されることだというアリストテレスの哲学にある。近代科学は、こうした事物の「本質」に基づく理解を、普遍的な法則とそこからの演繹によって置き換えることで成立してきたのではなかったか。また近代における意思決定プロセスの客観化と民主化は、それぞれの領域において専門家が有する能力と知識、すなわちその知的な徳を、誰からもアクセス可能で一意的に評価可能な数値的指標に置き換えることで進んできたのではなかったか (Porter, 1996)。そうだとしたら、そしてまた上での比較がある程度正鵠を射ているのであれば、現代科学の最先端である機械学習理論は、ある意味において、既に乗り越えられたはずの前近代的世界観に再び後戻りしているということになろう。そして私には、まさにこうした皮肉な捩れこそが、深層学習の大々的な成功が我々に与える不思議さ、わからなさ、そしてときには不安の一因となっているように思われる。つまりその困惑の一端は、深層モデルの機序が、近代科学の理念である普遍的法則や第一原理に基づいた客観的分析によっては未だ十分に理解できていない、そしてそれにも関わらずそれらはこれまでの科学技術を凌ぐパフォーマンスを持つ、ということに存する。だとしたら、そのような困惑の理由を、哲学的な観点から解きほぐすことには一定の意味があるだろう。以下、本章の残りでは、これまで論じてきた深層学習と徳認識論の類縁性を踏まえて、その哲学的含意を考えてみたい。

4-3　深層学習の哲学的含意

　深層学習は、なぜ上手くいくのか。これは現在世界中の研究者が凌ぎを削って探究している問いであり、現時点では（少なくとも私のように専門家でない人間が）いかなる判断も下すことはできないだろう。しかし我々はそこから一歩引いた、いわばメタな視点で、次のように問うことはできるはずだ：そもそも深層モデルを理解するとはどういうことなのか、どのようなことが解明されたら我々はそれを理解したと考えるのか、そしてその理解観は、我々の知識観にどのような影響を与えるのか。

　前節で取り上げた徳認識論的な観点からすると、深層モデルの理解は、その徳／能力の解明に帰着する。もし我々がヒトやある動物の認識能力を理解しようとするならば、関連する機能を正確に特定した上で、その生理学的基盤を解明することが第一要件となるだろう。例えばコウモリは暗闇で的確に捕食することができる。この現象を理解するためには、まずそこには反響定位というコウモリ独自の認識能力が働いていることを突き止め、さらにこの能力を実現しているコウモリの生理学的構造を明らかにすることが求められる。同様に、我々がある深層モデルのパフォーマンスを理解しようとするならば、まずそのモデルが持つ認識的徳、つまりモデルのどの特徴が真理促進性に貢献しているのかを把握した上で、それがどのようなネットワーク構造により実現されているのかが明らかにされねばならない。これは 3-2 節で概略した深層学習理論の研究課題のうち、1 つ目（モデル構造の研究）に該当する。例えば画像処理モデルにおける畳み込みとプーリングや残差ネットワーク（ResNet）、また文章や音声処理モデルにおける再帰型ニューラルネット（RNN）や長・短期記憶（LSTM）などは、深層モデルが持つ認識的徳を実現する構造の具体例であると言える。深層学習研究は、様々なモデルの持つこうした認識的徳を同定し、それを改善することによって進展してきたと言うことができるだろう。

　こうした認識的徳の解明には、単にパフォーマンスに寄与するような構造を特定することだけでなく、なぜその構造だとうまくいくのか、その根拠や理由を

明らかにすることも含まれる。例えば最近の研究によれば、学習対象となる確率関数が区分上でのみ滑らかである場合、つまりある一定区間ではなだらかな形をしているが、境界線上では崖のように突然に変化するような関数である場合に、深層学習は高い性能を発揮するという (Imaizumi and Fukumizu, 2019)。こうした原理的な解明は、深層学習がうまく働く条件だけでなく、それがどのような条件下で正しく働かないのかを理解する上での手がかりにもなるだろう。実際、深層モデルは、ときに我々には思いもよらないような失敗をしでかす。そうした誤動作の興味深い事例として、**敵対的事例**（adversarial example）と呼ばれる奇妙な現象が知られている (Szegedy et al., 2014)。これは元画像（例えばパンダ）に、我々の目には全く違いを生み出さないようなノイズを加えることで、モデルが全く異なった判断を下してしまう（例えばそれをテナガザルだと認識する）という現象である。これを応用すれば、例えば特別にデザインされたステッカーを交通標識に貼ることで、自動運転アルゴリズムに誤った判断を下させるようにすることも可能になってしまう。こうした現象を防ぐためにも、深層モデルがデータから何をどのように学習しているのか、その機序を明らかにすることが必要になってくる (Goodfellow et al., 2016, 邦訳 192-3 頁)。

　これらの研究は、深層モデルの認識能力をいわば解剖学的な仕方で明らかにすることで、その判断を外部から正当化しようとするものだ。しかしこれとはまた違った視点で、その正当化の根拠をむしろ深層モデルの内側に求めるというアプローチも考えられる。この点を明らかにするため、まずソウザが挙げる知識の二つのあり方を参照してみよう。ソウザによれば、知識には**動物的知識**（animal knowledge）と**反省的知識**（reflective knowledge）という二つのあり方がある。動物的知識とは、既に述べたような、主体が持つ認識的徳が適切な仕方で働くことによって得られるものである（これは単に用語であり、ヒト以外の動物は動物的知識だけを持ち反省的知識を持たない、というような含意はここにはないので注意されたい）。これには例えば、カエルが飛んでいるハエを餌と認識したり、また犬が裏庭に埋めた骨を探し当てたり、私がエールと IPA の味を区別できたりすることが含まれる。これらはそれぞれが持つ認識的徳の適

切な現れである限りにおいて、正当化された知識である——すなわちカエルは
餌があることを、犬は骨の位置を、私は昨晩友人に奢ってもらったビールがIPA
であることを、それぞれ知っていると言える。しかしながら彼ら（と私）は、な
ぜそのように知ることができたのかということを知っているわけではない。反
省的知識はこうしたいわば二階の知識、あるいはソウザの言い方を借りれば、
「信念が認識能力の適切な現れであるということについての信念を適切な仕方
で持っている」ということを要求する (Sosa, 2007, p.24)。確かに、こうした反
省無しでも知識は獲得できる。しかしなぜそれが可能であり、それを担保する
信念形成プロセスの真理促進性がどのような条件のもとで成立しているのかに
ついての自己理解はそこにはない。それゆえ誰かが私になぜこれが IPA だとわ
かったのかと尋ねても、私は単にそんな感じの味がしたから、くらいしか答え
られないだろう。しかしビール通であれば、各ビールの種類が生み出す味やア
ロマが、それぞれのコンディションでどう味覚や嗅覚に影響するかを引き合い
に出しながら、なぜこれが IPA であってエールではないのかを説明することが
できるかもしれない。そうした反省的知識を有している人は、少なくとも私に
比べて、ビールについてのより深い理解を持っていると我々は考えるだろう。

　深層モデルはある種の動物的知識を持つと言えるだろうし、また上述のような
機械学習研究はその優れた動物的知識の基盤となるメカニズムを次々と解き明
かしていくことだろう。しかしそれが反省的知識ももたらすかどうかは、必ずし
も明らかではない。深層モデルは、単にそれが認識し識別する対象が何である
かを知っているだけでなく、なぜそれがその対象だと判断できるのかも知ってい
るのだろうか。そしてその正当化の根拠を、我々が納得できる仕方で示すこと
ができるのだろうか。**説明可能な人工知能**（Explainable Artificial Intelligence;
XAI）と呼ばれる、深層モデルの説明可能性あるいは解釈性についての近年の
研究 (Adadi and Berrada, 2018; 原, 2018) は、まさにこうした種類の理解を目
指す試みの一例だと言える。これらの研究は、深層モデルがどのような基準に
よって判断を下しているのか、あるいは個別的な判断においてどのような根拠
が働いているのかを、使用者である人間に理解できるような形で明示化しよう

とするものだ。具体的な研究例としては、画像識別などにおいて画像のどの部分に基づいて分類が行われたのかを明らかにする手法や (Ribeiro et al., 2016)、モデル自身に判別の根拠を自然言語で説明させる手法 (Hendricks et al., 2016) などが提案されている。これらの研究は、深層モデルに内在する正当化プロセスを明らかにするという点で興味深いものだ。例えば前述の敵対的事例は、深層モデルの判断が、我々が用いるのとは全く異なった推論プロセスおよび根拠（特徴量）に基づいているということを示唆している。そしてそれが意味するのは、そうしたモデルが、我々が予期しないような状況で誤作動を起こす可能性がある、ということである。モデルの判断根拠を知ることは、こうした事態がどういった状況で起きるのかを知り、それを未然に防ぐための手がかりを与えるだろう。このように深層モデルについての反省的な理解は、単に理論上の興味であるだけでなく、応用面においても大きな重要性を持つのである。

　以上のように、我々が深層モデルを「理解」すると言うとき、そこには二つの異なった意味がありうる。一つは、その認識能力を支えているモデルの特徴的構造を調べることで、それがどのようにして高い動物的知識を実現しているのかを明らかにすることだ。ちょうど生物学者や脳科学者が動物やヒトの認識プロセスの生理的基盤を解明するように、機械学習研究者はモデルのどのような特徴が真理促進的なのかを同定しようとする。ところで1章で述べたように、カエルやヒトなどの動物は、それぞれの種に固有な生理学的特性と行動傾向を有した自然種なのであった。我々は目の前にある「モノ」をカエルである、ヒトである、というような仕方で一つの自然種として認識することで、これは春には池に卵を生むだろうとか、ある薬を投与したら云々の反応を起こすだろうとかいうようなことを推論できる。上述の生理学的研究は、こうした生物学的な自然種の成り立ちと機能の解明を目指すものだと言える。同様の意味において、深層モデルも、特定の帰納問題を類型化した一つの自然種、すなわち確率種を実現している（3-1節）。カエルやヒトなどの生物学的自然種が様々な状況において認識的にふるまうように、確率種としての深層モデルも特定のタスクを認識的に処理する。またカエルとヒトが異なる認知特性を持つように、異なる

深層モデル、例えば GoogLeNet と Alpha Go では違った認知特性を持つだろう
し、両者が活躍する「環境」も異なるだろう。しかし異なる生物種が進化系統
樹を通じた共通性（すなわち相同性 homology）を持つように、使途が異なる確
率種もある程度の共通性を持ちうる。深層学習研究の第一の側面は、こうした
共通性と特異性が、それぞれの深層モデルのパフォーマンスにどのように寄与
しているのかを明らかにすることだ。これは、自然種の詳細な解明によって対
象を理解しようとする、自然科学にお馴染みの研究態度だと言える。

　他方、深層モデルの説明可能性や解釈性に関する研究は、これとは異なった
態度を要求する。上述のように、この第二の側面においては、深層モデルがどの
ように認識し、何を根拠に判断を下しているのかについての反省的知識に焦点
が当てられる。再び動物にたとえれば、これはいわばコウモリがどのように周
辺環境を認識しているのか、つまり「コウモリであるとはどのようなことか」を
理解しようとすることに類比的である。深層モデルは、独自の仕方で世界を捉
えている。そして近年の**表現学習** (representation learning) の研究によれば、深
層モデルもやはり与えられた情報から特定のパターンを抜き出し、そのパター
ンに従って認識しているらしい。例えば画像認識モデルでは、単にデータを学
習させるだけで、猫のイメージに対して特異的に反応するニューロンが生じた
りする。つまりどうやら深層モデルは、データの内から自力で自然種に相当す
るものを発見し、それに従って世界を捉えているようなのだ。実際、自然種の役
割は、世界を節目で分節化することによって帰納推論や外挿の足がかりを与え
ることだが、深層モデルがどの程度の汎化性能を有するか、また特定のタスク
を学習したモデルがどの程度他のタスクへと応用可能（これを**転移学習** transfer
learning という）かは、モデルがどれくらい良い表現を獲得しているかに依存
するということがわかっている。よって深層モデルがどのように認識している
のかを知るためには、それが用いている表現／自然種がどのようなものかを理
解しなければならない。それは我々と同じような仕方で世界を切り出している
のだろうか、あるいは全く異なった自然種をそこに見て取っているのだろうか。
我々は 2-4 節で、認識者が持つデータの量によって見いだされるリアル・パター

ンは変わってくると述べた。これを敷衍すれば、大量のデータによって訓練された深層モデルが世界の内に発見するパターンが、我々が日常リアルだと感じているパターンと同一だと期待できる根拠はあまりない。だとすると問題は、両者の間にどの程度の食い違いがあるか、ということである。とりわけ、深層モデルが我々とは全く異なる自然種概念を用いているとしたら、我々はその認識プロセスを反省的に理解することができるのだろうか？　あるいはそもそも、それが我々と同じあるいは異なる自然種概念を用いているかどうかを、どのようにして判断すれば良いのだろうか？

　これはまさに、クワインが**翻訳の不確定性**（indeterminacy of translation）として提示した問題に他ならない (Quine, 1960)。　これは、二つの言語の間の「正しい翻訳」なるものは一意的には決まらず、複数の可能な翻訳ルールがありうる、という主張である。例えば、あなたが全く未知の言葉を話す部族の社会で、数週間フィールド調査をすることになったとしよう。あなたはその人々としばらく生活をともにする中で、彼らは目の前にウサギがいるとき、そしてそのときだけ、「ガヴァガイ」と発話することを観察する。そこからあなたは、現地語での「ガヴァガイ」は「そこにウサギがいる」というような日本語に翻訳されると考えるだろう。しかしそれが唯一の正しい翻訳だろうか。ひょっとしたら「ガヴァガイ」は、「ウサギ性がそこに顕在化している」という意味なのかもしれない。あるいはその部族ではウサギは祖先の生まれ変わりだと信じられており、現地の人は「ご先祖さまが来てくれた」と言っているのかもしれない。いずれにせよ、「ガヴァガイ」をどう翻訳するかは、それ以外の言語活動全体に依存する。そしてそのような言語全体の翻訳マニュアルができたとき、それが唯一に定まるという保証はない。他の言語学者は全く異なる翻訳マニュアルを作り上げ、それによれば「ガヴァガイ」は先祖の来訪を意味するかもしれない。このように、同じように現地人とのコミュニケーションを可能にするという意味で同程度に「良い」が、互いには非整合的であるような複数の翻訳マニュアルが原理的に存在しうる。

　同じような「根底的翻訳（radical translation）」の問題が、機械と我々の間で

も生じうる。例えば、画像の内に猫が含まれるときだけ反応するようなニューロンがあったとしよう。しかしこのモデルは本当に我々が「猫」と呼ぶものを認識しているのだろうか？　実際には単に猫のヒゲと耳の組み合わせに反応しているだけかもしれない。あるいはより複雑に「猫性がそこに顕在化している」と考えているのかもしれない。あるいは…　というように、可能性は無限にある[7]。この問題は、単にそのうちどれが正しいかを決めることができないという、翻訳ルールについての過小決定（underdetermination）の問題ではない。むしろクワインが指摘したのは、そもそも客観的な意味で「正しい」翻訳ルール、あるいはそれがあぶり出そうとしている「真の意味内容」のようなものは、そもそも存在しないかもしれない、というよりラディカルな可能性である。もしそうだとしたら、深層モデルの「思考」を我々の自然言語によって翻訳しようとする XAI の試みも、確定的な答えを持たない探究になるだろう。むろん客観的な答えがなかったとしても、我々は依然として、深層モデルがどう認識しているのかについて、ある種のストーリーを立てることはできるだろう。しかしそれはあくまで一つの解釈なのであって、そこには複数の、しかも互いに非整合的な解釈がありうるのである。

　これは、深層モデルの説明可能性について、とりわけその反省的な理解について再び疑問を投げかける。もし「人工知能が真に考えていること」が我々にはわからないのであれば、わざわざそれを詮索する必要はないのではないか。我々は深層モデルが高いパフォーマンス／動物的知識を有していることをベンチマークによって確認できる。ならばそれで十分ではないか？　確かに説明可能性は、深層学習の精度を上げることには直接的には貢献しないかもしれないし、研究者コミュニティ内部ではその必要性も感じられにくいかもしれない。というのも熟練の機械学習専門家であれば、ベンチマークの結果やそれ以外の指標、また必要であればプログラムを見るだけで、モデルのパフォーマンスに

---

[7]実際、最近の研究によれば、深層学習による画像認識モデルは、むしろ背景情報を用いて物体を認識している可能性がある (Xiao et al., 2020)。つまり、モデルが「猫」と呼ぶものは、実は我々が「猫の写真にありがちな背景」と呼ぶものだった、という可能性は現実にありえるのである。

ついての概略を得られるだろうからだ。

　しかしその応用を考える段になると、話が変わってくる。あるモデルをビジネスや政策決定、社会デザインや科学的探究などの具体的な問題に適用する際には、常に、そうした応用が適切であることを外部（上司、役人、政治家、査読者等）に向けて説得しなければならない。そして Porter (1996) が指摘するように、説明可能性への要請は、常にこうした外部から起こるのである。実務家が第一に気にするのは、ある深層モデルが手持ちのタスクに対してどれほど効果的か、そしてそれが予期せぬ誤作動を起こさないかということである。これは正当化の問題に他ならない。機械学習の研究者はこれに対して、ベンチマークの結果や過去の成功事例などを引き合いに出しながら、そのモデルの真理促進性を強調することで正当化を与えようとするだろう。しかし実務家にとってみれば、それは機械学習コミュニティに内的な指標でしかない。彼ら彼女らにとって問題なのは、まさにこの特定のタスクにおいて、その手法が有効なのかということだ。こうしたヒューム的懐疑論は、それ自体理にかなったものであるがゆえに論理的に説き伏せることはできないし、また上に挙げたような敵対的事例の存在が現に知られている限り、杞憂として片付けるわけにもいかない[8]。できるのは、どのように想定すればこうした懐疑を緩和させることができるのかについての、一つのストーリーを描くことだ。伝統的な統計学では、与えられた帰納問題を自然種（統計モデル）として捉え、そこから種々の推定法を演繹することで、この懐疑論に答えようとしてきた（1章）。そうした自然種の正しさ自体は確証できず、しかもその想定も最終的には「誤り」（Box et al., 2009）である点で、これは一つの形而上学的お話に過ぎない。とはいえそれは我々の帰納推論を説明し、正当化する役割を担ってきたという意味で、役に立つお話である。一方、深層学習においては、それが扱う問題と自然種の複雑さゆえ、このような演繹的な説明は望めない。モデルの説明可能性は、こうした状況下において、手法の外的なアカウンタビリティを果たす一つの方法を提供する。そ

----

[8]実際、敵対的事例は、いわゆる「ウィトゲンシュタインの足し算のパラドクス」（飯田, 2016）の実例と考えることもできる。

れゆえいかにその試みが困難であり、またその答えが客観性を欠くものだった
としても、容易に切り捨てることはできないのである。

読書案内

AIC については、赤池ほか (2007) に収められた発案者赤池のくだけた紹介があり、また踏み込
んだ理解には久保 (2012) の他、小西・北川 (2004) が参考になる。AIC の哲学的含意について
は、訳者による解説も丁寧な Sober (2008) を参照。深層学習の概説は金丸 (2020); 岡谷 (2015);
瀧 (2017) などがあり、順を追って発展的。プラグマティズムについては、伊藤 (2016) が新書
で手に入る。プラグマティズム認識論は、旗振り役のスティッチの邦訳 (Stich, 1990) があるほ
か、戸田山 (2002) でも若干扱われている。徳認識論については近刊の上枝 (2020) で取り上げ
られている他、内在主義のところでも触れた BonJour and Sosa (2003) の後半に、本章でも紹
介したソウザの手になる解説が収められている。

第5章

因果推論

　本書でこれまで見てきたように、現代統計学は帰納問題を確率論的な観点から、すなわち我々の言葉で言い表せば確率種の推論として考察してきた。しかし本章では少し見方を変え、それを因果関係の観点から考えてみたい。というのも原因が結果を引き起こすという因果関係は、日常および科学的な帰納推論に密接に関わっているからだ。例えば我々は、降雨量が作物の育成に影響を及ぼすと信じているからこそ、日照りの後は野菜の値段が高騰するだろうと予測する。つまり因果関係に訴えることで、帰納問題に対処する。実際ヒュームは、帰納の問題と因果の問題を同一視した。つまり彼にとって、帰納推論の正当化と、原因から結果への推論の正当化は、同じ問題の二つの側面でしかなかった。翻って現代の我々は、統計学において帰納問題は確率の用語で語られること、そして確率と因果は同じではないことを知っている。しかしながら、両者は全く無関係であるわけではない。これを如実に示すのが、前世紀後半より進展してきた**統計的因果推論**（statistical causal inference）である。そこでは実験に頼らず、観察されたデータのみから未知の因果関係を推測するための様々な手法が提案されてきた。ではこの帰納、確率、因果の三者はどのように関連するのだろうか？　本章ではこの問いに、本書でこれまでしてきたように、意味論、存在論、認識論の観点からアプローチする。つまりあるものが別のものを引き起こすとはどのような意味で、そこではどのような存在論的な仮定がなされており、またそうした存在を知るためにはどのような手段が必要なのだろうか。こうした考察を通じ、統計的因果推論の哲学的含意をあぶり出していきたい。

1　規則説と回帰分析

　因果の問題を考察するにあたって、古典的な出発点は、やはりヒュームである。前述のように、ヒュームは帰納の問題と因果性の問題を同一視した。では因果性とは何か。ヒュームは因果関係を次の三つの条件を満たす関係性だと考えた：

1. 原因と結果は時空間的に隣接している（spatio-temporal contiguity）
2. 原因は結果に時間的に先立っている（temporal succession）
3. 原因と結果は恒常的に連接している（constant conjunction）

確かに、運動しているビリヤードボールが別の止まっているボールに当たってそれを動かすとき、衝突の瞬間において前者と後者は時空間的に隣接するし、また前者の運動は後者の運動より前に生じている。そしてこの一連の現象（すなわち衝突によって止まっていたボールが動き出すということ）は恒常的に、つまり繰り返し観察される。ヒュームは、この三条件が因果関係のすべてだと主張した。すべて、というのは、これ以上の条件は因果関係にとって必要ない、ということである。具体的にヒュームが念頭に置いていたのは、原因は結果を引き起こす「力」を持っているとか、両者の間には「必然的な関係」があるとか、そうした想定である。これらは因果関係の説明においてよく引き合いに出されるが、ヒュームによれば、経験的に確証することができない。例えば「原因は結果を引き起こす力を持っている」とか「原因は結果を必然的に生じさせる」などと言ってみても、我々は決してそうした「力」や「必然性」を観察することはない。観察できるのは、単に原因となる事象がありその後に結果とされる事象が起きる、そしてこの一連の生起が恒常的に観測される、ということだけである。このように実際に経験できるデータに基づく限り、因果関係は上述の三つの条件によって捉えることしかできない、とヒュームは考えたのである。

　因果についてのヒュームのような考え方は、一般に**規則説**（regularity theory）と呼ばれる。この説によれば、因果関係とは原因と結果の間に成立するある種

の規則性に他ならない。こうした規則性は確率変数間の従属性によって表すことができる。1章で見たように、確率変数 X と Y が従属である（独立でない）とは、そのどれかの値において $P(x|y) \neq P(x)$ となることであった。以下では確率関数 P を仮定したとき、確率変数 X と Y が独立であることを $X \perp_P Y$、その逆に従属であることを $X \not\perp_P Y$ と表そう。ヒュームのいう恒常的連接とは、$X \not\perp_P Y$ に他ならない。しかし（他の二条件を度外視したとしても）これだけでは X と Y の間に因果関係があると即断することはできない。というのも、両者の間に何か共通の原因があったとしても、こうした従属性が生じるからだ。例えばリンダは家の気圧計の目盛りが低いときにはきまって頭痛に悩まされる、つまり両者は相関しているが、しかしこれは気圧低下という共通の原因によって引き起こされた偽相関（spurious correlation）に過ぎない。こうした偽相関は、共通の原因である**交絡要因**（confounding factor）で条件付けることによって消失する。もし気圧の低さがリンダの頭痛の真の原因なのであって、別に気圧計の目盛りを見るから頭が痛くなるわけではないのであれば、気圧が低い日、高い日にそれぞれ限って見てみれば、気圧計とリンダの頭痛の間の相関関係は消え去るはずだ。交絡要因（ここでは気圧）を Z としたとき、これは

$$P(x|y, z) = P(x|z)$$

がすべての値 x, y, z で成立することを意味する。これを Z のもとで X と Y が**条件付独立**（conditionally independent）になる、ないし Z によって X から Y がスクリーン・オフ（screen-off）されるといい、$X \perp_P Y | Z$ と表記する。よって規則説によれば、X と Y の間に直接的な因果関係があるとは、$X \not\perp_P Y$ であり、かつ $X \perp_P Y | Z$ となるような交絡要因 Z が存在しないことだと、とりあえず理解することができる。こうした因果の定義は、因果関係を確率の言葉によって置き換えようとする点において、還元主義的である。つまり因果関係とは、上で述べたようなある種の確率的従属関係を意味するのであって、それ以上のものではない。したがってそれを理解するために、1章で定義されたお馴染みの確率モデル以上の「存在」を想定する必要もない。このように規則説

は、因果という概念を、確率という概念に意味論的にも存在論的にも還元・帰
着させるのである。

　存在論的還元は、もしそれが可能なのであれば、因果関係を発見するという
認識論的な課題にとっても朗報である。というのももし因果関係が一種の確率
関係に過ぎないのであれば、我々は馴染みの統計的手法を用いることで、因果
関係を突き止めることができるからだ。こうした手法として通常用いられるの
は、回帰分析である。前章で見たように、回帰分析では、結果と目される変数
を目的変数 Y、その原因および交絡要因の候補になりそうな変数（これを**共変
量** covariates ともいう）を説明変数 $X_1, X_2, \ldots, X_n$ として回帰モデルを立てる。
原因同士の相互作用等を無視した一番単純な線形回帰モデルは、以下のように
表される：

$$y = \beta_1 x_1 + \beta_2 x_2 + \cdots + \beta_n x_n + \epsilon.$$

ここで ϵ は何らかの確率分布に従う誤差項であり、それぞれのパラメータ β_i は、
i 番目の要因 X_i がどれだけ結果に影響を与えるかを表すものだと考えることが
できる。このパラメータは回帰分析によって簡単に推定することができる。特
にもしその値がゼロであるという事後確率が高い、あるいはそれがゼロである
という帰無仮説が棄却できないのであれば、その要因は Y の直接の原因ではな
いと結論することができるだろう。こうした回帰分析の利点は、それによって
上で見た交絡の問題を同時に処理できることである。つまりもし X_i が交絡要
因であり、Y と X_j 双方の原因となっているのであれば、それをモデルに含み
こむことによって X_i で条件付けることができる、そしてそのようにして推定
された β_j の値は、X_i の値を一定にした後でもなお残る X_j と Y の間の相関関
係を反映したものになる。我々は上で、規則説による X と Y の間の因果関係
とは、$X \not\perp_P Y$ であり、かつ $X \perp_P Y|Z$ となるような交絡要因 Z が存在しない
ことだと述べた。よってもし X_j が Y の原因かどうかを知りたいのであれば、
交絡要因をすべて含むように共変量を選択して回帰分析を行い、それでもなお
β_j がゼロにならないかどうかを見極めればよい、ということになる。

　回帰分析による因果関係の推定は、主に直接実験を行うことができない状況において、広く受け入れられてきた。例えば喫煙が肺がんに与えるリスクなどは、喫煙の有無に加え、年齢、家庭環境、職種、遺伝的要因など、様々な交絡要因を考慮した回帰モデルを用いることで検証されてきた。こうした実績は、規則説の正しさを支持するかもしれない。しかしながら、規則説には大きな問題が指摘されてきた。一つは、回帰分析はヒュームの三条件のうち恒常的連接のみに着目したものであり、それ以外の時空間的隣接性や時間的先行をそこから導くことはできない。1章で見たように確率的従属関係は対称的であるため、単に回帰モデルの係数がゼロでないということだけからは、X が Y の原因であるのか、あるいはまたその逆であるのかを判断することはできないのである。またそれ以上に問題となるのは、共変量選択についての実践上および概念上の問題である。実践上の問題とは、共変量としてどのような要因をモデルに入れるべきかが自明ではない、という問題である。因果関係を正しく同定するには、共変量はすべての交絡要因を含まなければならない。しかし喫煙習慣と肺がん罹患率の間には、どのような交絡要因が考えられるだろうか。いくら智慧を絞ってそれらをモデルに組み込んでも、依然として我々の想像が及ばない要因が隠れているかもしれず、その可能性を加味する限り回帰モデルの結論は暫定的なものにならざるをえない。一方で、回帰モデルに含んではいけない変数というものも存在する。もし関心ある変数 Y, X がそれぞれ別の原因 C_Y, C_X を持ち、その共通の結果 E がある場合、つまり後述する因果グラフで書けば $Y \leftarrow C_Y \rightarrow E \leftarrow C_X \rightarrow X$ のようになっている場合、真ん中の E を回帰モデルのうちに組み込んではいけない。これは M 字構造（M-structure）と呼ばれ (黒木, 2017)、このような E で条件付けてしまうと、Y と X の間に逆に偽相関が生まれてしまうのだ（理由は本章 3 節を参照）。

　この共変量選択の難しさをビビッドに表す例として、**シンプソン・パラドクス**と呼ばれるものがある (Simpson, 1951)。 これは、二変数の間の相関関係が、条件付ける変数に応じて全く変わってしまうことを示す例である。UC バークレーはアメリカの名門州立大学であるが、1973 年のその合格率を男女で比べる

と、男性の合格率 44% だったのに対し、女性は 35% と有意に低かった。ここから、大学は女性志望者を不当に低く採点しているのではないかという嫌疑が起こり、調査委員会が立ち上げられた。しかし調査委員会が主要学部での男女合格率を調べてみると、なんと驚いたことに、ほとんどの学部で、女性の合格率の方が高いか、あるいはせいぜい同程度であったということが判明した。つまり各学部では女性の合格率の方が高いが、全体で合算すると男性の合格率が高くなる。どうしてこんなことが起こったのかというと、女性の応募は競争率の高い学部に集中しがちで、その結果成績優秀でも入学できなかった志望者が多かったからである (Bickel et al., 1975)。つまりこの場合、性別 X は合格 Y に対して二通りの仕方で影響を与えている。一つは直接的な影響であり、女性の方が（比較的優秀であったがゆえに）合格に対しポジティブな影響を及ぼす。もう一つは志望学部 Z を通した間接的な影響であり、女性は競争率の高い学部を選びがちであるがゆえに合格に対してネガティブな影響を及ぼす。よってもし差別があったかどうか、つまり性別が合格判断に直接影響を与えたのかを知りたいのであれば、この二つ目の間接的影響を取り除くため、志望学部 Z で条件付けなければならない。しかし我々がそう判断できるのは、上述のような因果的影響を既に知っていた、あるいは仮説として有していたからである。そうした見通しが全くない場合、あるいは思いのつかない要因が他にある場合、どの変数を含むべきかは誰にもわからない。

　「誰にもわからない」というのは認識論的問題である。しかしこれに加え、上述の問題は規則説に対して概念的な困難を提起する。規則説の因果の定義は、還元主義的、つまり因果関係をある種の確率的関係へと帰着させようとするものであった。こうした還元が成功するためには、定義項は因果的概念を含んでいてはならない。もし含んでいたら、その定義は因果を確率に還元した、つまり確率の用語で完全に言い換えたことにはならないからだ。ところが上で見たことは、規則説的な因果の定義で重要な役割を果たす共変量 Z の選択のためには、我々はすでに因果的な知識を持っていなければならない、ということを意味する。というのも Z が交絡要因であるとか、M 字構造を成していないとかい

うのは、その因果的特徴だからだ。つまり規則説的な意味で因果関係であるか
を決定するためには、実際には確率論を超え出た知識や概念が必要になってく
る。因果は確率によっては完全に定義できないのだ。この意味論的な還元の失
敗は、因果関係はそもそも確率的関係ではない、つまりそれは我々が言うところ
ろの確率種ではない、ということを示唆する。そしてそれは実際そうなのであ
る。因果は確率とは異なる。ではそれは何なのか。それを見るためには、我々
は現実世界だけでなく、可能的な世界にも目を向けなければならない。

2 反事実条件アプローチ

2-1 反事実条件説の意味論

　規則説の代替案を探るため、まず普段我々が因果的な主張をするとき、どのよ
うなことを意味しているのかを見てみよう。日常／科学を問わず、我々の日々
は因果命題に溢れている。「隕石の衝突によって恐竜は絶滅した」、「甘いものを
食べ過ぎたから虫歯になった」——これらは隕石と恐竜絶滅、食習慣と虫歯の
間の因果関係を述べたものだ。こう主張するとき、我々は必ずしも両者の間の
規則的関係を述べ立てようとしているわけではないだろう。そもそも 6600 万年
前の隕石の衝突も恐竜の絶滅も 1 回しか起こらなかったことなのだから、これ
についての規則的連関を主張するのはナンセンスである。むしろ我々は上述の
因果命題によって、次のようなことを意味しているのではないか：「仮に隕石が
衝突しなかったら、恐竜は生き延びていただろう」、「もし甘いものを（そんな
に）食べていなければ、虫歯にならなかっただろう」。これらは 3 章で見た、反
事実条件文である。そこで見たように、反事実条件は現実とは異なる状況を想
像して、そこで事態がどのように進展しただろうかを描く。その意味において、
それは「A ならば B」というような現実世界における規則性を述べる直接条件
とは意味合いが異なる。

2章でも取り上げた哲学者デヴィッド・ルイスは、こうした反事実的な考え方こそ、因果関係を特徴付けるものだと主張し、因果の**反事実条件説**（counterfactual theory of causation）を唱えた (Lewis, 1973)[1]。彼によれば、E が C に因果的に依存する（causally depends）とは

(L1)　もし C であったとしたら E であっただろう。

(L2)　もし C でなかったとしたら E でなかっただろう。

という二つの反事実条件がともに成立することである。そして C と E の間に $D_1, D_2, \ldots, D_n$ という事象の有限系列があって、D_1 は C に、D_2 は D_1 に、$\cdots$ そして E は D_n にという具合にそれぞれ因果的に依存しているとき、C は E の原因であるといわれる。しかし以下では系列のことは忘れて、単に条件 (L1)、(L2) で表される二つの事象間の因果的依存関係のみに注目し、これをもって因果関係の分析としよう。

すぐに気がつくのは、これが 3 章で見たノージックの知識についての二つの反事実条件に酷似しているということだ。実際ノージックのときと同様、このルイスの反事実条件 (L1)、(L2) の真偽条件も、可能世界意味論（3 章 3-2-3 節）によって定められる。具体的に、(L1)「もし C であったとしたら E であっただろう」が現実世界において真になるのは、

(i)　どの可能世界でも C ではない、か

(ii)　C と E がともに成立している可能世界があり、それは C であるが E でないような可能世界のどれよりも現実世界に近い

ときである。ここで (i) は技術的な但し書きなのでとりあえず無視してよい。重要なのは (ii) である。いま (L1) は反事実的な仮想をしているのだから、現実世界では C は成立していない。しかし (ii) によれば、C が成立し、なおかつ E も成り立っているような可能世界がどこかにある。これを適例世界と呼ぼう。と

---

[1]実はヒュームも、規則説を提唱したそのすぐ後に、その「言い換え」としてこうした反事実条件的な因果の定義を行っている (Hume, 1748, 邦訳 69 頁)。しかしそれは彼の言に反して、規則説とは本質的に毛色が違うのである。

いってもすべての可能世界でそうなのではない。C であっても E でない、という可能世界もありうる。これを反例世界と呼ぼう。しかし 3 章 3-2-3 節でも論じたように、そうした世界が我々の世界からあまりにもかけ離れていたとしたら、それを反例としてカウントする必要はないだろう。このような具合で、適例世界があらゆる反例世界よりも現実世界に似ているのであれば、反事実条件文 (L1) は真となる。またこれを逆にすることで（つまり上の議論の C, E をそれぞれその否定 $\neg C, \neg E$ に置き換えることで）、(L2) の真偽条件を定めることができる。

　ルイスの定義を、「甘いものは虫歯の原因である」という因果命題を例にとって考えてみよう。これが真であるためには、まず甘いものをあまり食べない人については、(L1)「もし甘いものを食べていたら虫歯になっていただろう」が成立しなければならない。つまりその人が甘いものを食べ、かつ虫歯である適例世界がある。しかし甘党だったけど虫歯にならなかった反例世界もあるかもしれない。ただそれらの世界は、その人が非常に丁寧に歯磨きをしていたり、水道水にフッ素が添加されていたりと、この世界とは随分勝手が違ったものばかりだったとする。だとしたらこれらは反例としてはカウントされず、(L1) は成り立つと判断されるだろう。次に、甘いものを食べ虫歯になった人について、(L2)「もし甘いものを食べていなかったら虫歯にならなかっただろう」が成立しなければならない。ここでの反例世界は、その人が甘いものを食べていないにも関わらず依然として虫歯になってしまった世界である。しかしそうした反例世界はみな、その人が全く歯を磨いていなかったり、あるいは不幸にも虫歯菌が凶暴化していたりと、現実世界とは大きく異なるのに対し、虫歯にならなかった適例世界は単にその人が甘いものを食べなかった（そして虫歯にならなかった）ということ以外はみな現実と同様だったとしよう。その場合 (L2) は成立する。このように両反事実条件がともに満たされるとき、甘いものは虫歯の原因であったとみなされるのである。

　このように反事実条件説は若干ややこしいが、我々の因果についての見方を良く捉えている、つまり因果命題についての良い意味論を与えているように思

われる（読者はそれぞれ身近な因果命題でこれを試してみてほしい）。しかし同時に、これは認識論的な問題を提示する。というのも定義上、我々は現実世界に暮らしており、可能世界がどうなっているかを観測することは決してできないからだ。だとすれば、我々は上の条件 (L1)、(L2) が実際に成立しているのかどうか、つまりある事象が他の事象の原因であるかどうかを、どのようにして確かめられるのだろうか。つまり反事実条件説は、因果の意味論を与えてくれるかもしれないが、その認識論については無頓着である。以下ではこの点に焦点をあて、可能世界について推論するための統計的手法について考察してみよう。

2-2　反事実的因果の認識論

2-2-1　仮説検定と因果推論

現実世界の観測データから、可能世界のことを推し量ることはできるのだろうか。ここで一見手引きとなりそうなのは、3 章における仮説検定の議論である。我々はそこで、統計的仮説とは可能世界であり、検定とはデータから我々の暮らす世界がどの可能世界であるかを判定するための手続きだと述べた。そして上で示唆したように、検定のロジックを捉えたノージックの二つの反事実条件は、ルイスの反事実的な因果の定義に酷似している。だとすると検定のような考え方を用いて、因果命題の真偽を判定することができるのではないだろうか。

結論から言うと、これは上手くいかない。しかしながら、全くの見当違いというわけでもない。実際、検定と因果推論には通ずる点がある。いやむしろ、検定とはある種の因果推論だと言うことさえできるのである。そしてこの異同を確認することは、因果推論の困難さがどこに存するのかを明らかにする。そこで本節ではまず、少し回り道をして、この両者の微妙な関係性について考えるところから始めよう。

まず検定とは何であったかを思い起こすと、それはデータから帰無仮説を棄却するかどうかを定める関数なのであった（3 章 2 節）。今、「帰無仮説を棄却

する」ということを R_0 で表し、「対立仮説が真である（つまり帰無仮説が偽である）」ということを H_1 で表すことにしよう。我々が観察できるのは、R_0 か $\neg R_0$ だけであり、ここから H_1 の成否について判断を下したい。検定理論によれば、この判断を下すためには、検定プロセスの信頼性を担保しなければならない。これはそれぞれ

(N1) もし H_1 であったとしたら、R_0 だった（帰無仮説を棄却した）だろう。

(N2) もし H_1 でなかったとしたら、R_0 でなかった（帰無仮説を棄却しなかった）だろう。

という二つのノージック条件によって表され、前者は検出力、後者は信頼係数として数値化される。前述のルイスの反事実的因果の定義と比較すると、この二つの条件は、まさに H_1 が R_0 の原因であることの条件となっている。つまりここには、「検定が信頼できる $\iff$ ノージック条件が満たされる $\iff$ ルイス条件が満たされる $\iff$ H_1 と R_0 の間に因果関係がある」という双条件が成立している。それゆえ信頼できる検定の条件とは、原因 H_1 が生じていれば結果 R_0 が生じ、逆に原因不在なら結果も生じないという意味で両者の間に強い因果的連関があり、検定がこの因果プロセスを体現しているということだと言える。この上で検定とは、結果 R_0 ないし $\neg R_0$ が与えられたとき、その原因と目される H_1 の真偽を推測する因果推論だとみなすことができるのである。

　検定と原因の推論の間の類似性は、以下のような例を考えればより一層はっきりする。火災報知器の目的は、火事の発生を警報によって知らせることである。我々は警報を聞くと火事の発生を推測し、警報が鳴っていないときは平常だと判断する。この推論の信頼性は、火災と警報の間の因果的連関の強さに依存する、というのは直感的に明らかだろう。良い火災報知器は、仮に火災が生じたとしたら警報が鳴り、逆に火災でなかったとしたら鳴らない、というようなものでなければならない。どのようなとき、この条件が満たされるだろうか？それはまさに、火災報知器が火災と警報の間に強固な因果的結びつきを作り出すときに他ならない。検定とはこの火災報知器のようなものなのであり、それ

は火災と警報のかわりに、事実（H_1）と棄却判断（R_0）の間に強い因果的連関を見出す。そしてこうした堅固な因果プロセスが存在するとき、我々は結果の判断に安心して従うことができるのである。

　このように、検定は与えられた結果から原因を推論する一種の因果推論である[2]。そして検定理論の主眼は、この推論を信頼できるものにするため、両者の間にできるだけ強固な因果関係を作り出すことだと言える。しかしまさにこの「作り出す」という点が、単なる検定は我々が今ここで問題にしているような因果関係の確証には不適格であることを示している。どういうことか。我々の目下の課題は、ルイスの因果性の条件 (L1)、(L2) が成立しているのかどうかを、データから突き止めることである。つまり C と E の間に因果的連関が存在するのかどうかは不明であり、これをデータから推論しようとしている。しかるに検定理論では、この因果関係の存在は、統計モデルの想定によって前提される。ある検定方法を用いるとは、事実と判断の間に何々の因果的連関があると想定する、ということに等しい。その因果関係の想定の上、結果と目される棄却判断から、原因と目される仮説の成否を推し量るのである。そして 3 章で述べたように、検定理論は、この想定の正しさ自体については何も言わない、あるいは少なくとも、この想定の可否を得られたデータと突き合わせて評価することはない。換言すれば、検定はアプリオリに想定された因果関係を用いて結果から原因を推論するのみであって、その因果関係自体を推論するわけではないのである。ところが、我々の目下の関心はまさにこのこと、つまりある事象と他の事象の間にそもそも因果関係が存在するのか、という点にある。そこで検定のように、何らかの関係性を「想定」してしまったら元も子もない。我々が求めているのは、この関係性を前提することなく、データから推論するような方法論なのであり、それは検定とは違う手法によって達成されなければならないのである。

---

[2] この「結果からの原因の推論」という特徴付けは、しばしばベイズ推論に対してなされるものである。ベイズの場合は仮説も確率変数として扱うので、確かに結果から原因（仮説）の確率を推論することができる。一方、頻度主義において仮説は確率変数ではないので、そうしたことはできない。しかし依然として、それは信頼性を通した原因／仮説の推論と捉えうるのである。

2-2-2 仮想結果と無作為化

　というわけで、我々は気を取り直して別の道を探らなければならない。そのためにまず、ルイスの二条件 (L1)、(L2) を検証するためには、どのようなデータが必要かを考えることから始めよう。以下ではイメージしやすいよう、X は「甘いものを食べる」、Y は「虫歯になる」という具体例に即して考える。我々はそれぞれの人について、X か $\neg X$ か、また Y か $\neg Y$ かを観測できる。その上で我々が知りたいのは：

　1. $\neg X$ である人について：もし X だったとしたら Y だっただろうか？

　2. X である人について：もし $\neg X$ だったとしたら $\neg Y$ だっただろうか？

という二つの反事実的問いの答えである。もしこれにイエスとなる人の割合が多ければ、それぞれ (L1) と (L2) は大枠で満たされ、X は Y の原因であると認めることができるだろう。しかしここで問題となるのは、上の問いは反事実的仮想であるがゆえに、その答えを経験的に確認することができないということである。もしある人が現実に X と観測されたのであれば、その人が $\neg X$ であった可能世界のことは知ることはできない。私が甘党でなかった世界を想像することはできるかもしれないが、現実世界で私が甘党である以上、それを観測することは、少なくとも現実世界にともに生きる我々の内誰一人とてできない。とすると因果推論は、現実世界では決して答えられない問いを立てているように思われる。この問題を**因果推論の根本問題**（the fundamental problem of causal inference）と呼ぶ (Holland, 1986)。それは哲学的に言い直せば、現実世界からは可能世界は観察できないという、形而上学的な不可能性である。

　しかしここで足踏みしていても仕方がないので、なんとか歩みを進めよう。まず X, Y をそれぞれ確率変数として、値 1 で肯定、0 で否定を表すことにする。さらに、Y_0, Y_1 という新しい確率変数を導入する。Y_0 は「仮に $X = 0$ だったときに Y が取るであろう値（甘党でなかったとしたときの虫歯の有無）」であり、Y_1 は「仮に $X = 1$ だったときに Y が取るであろう値（甘党であったときの虫歯の有無）」をそれぞれ意味する。これらは、X の値に応じて Y が潜在的に取るであろう値を示すという意味で、**潜在結果**（potential outcomes）と呼ばれる。

表 5.1　どの被験者についても、潜在結果 Y_0, Y_1 の値はどちらか一方しか観測できず、他方は必ず欠損（「－」で表す）する。

被験者	A	B	C	D	E	$\cdots$
X	1	0	0	1	1	$\cdots$
Y_0	－	0	1	－	－	$\cdots$
Y_1	1	－	－	1	0	$\cdots$

だから例えば Y_0 の値は $X = 0$ の人については実際に観察できるが、$X = 1$ の人については潜在的に定義されるだけで、決して観察はできない。それはいわば可能世界において実現している値であり、現実世界からは伺い知ることができない、あるいはより統計学的に言えば、その値は現実世界では常に欠損している。一般的に我々は、各人について、$X = 0$ である人は Y_0、$X = 1$ である人は Y_1 という具合に、Y_0, Y_1 のどちらかの値しか観測できない（表 5.1）。上述の因果推論の根本問題とは、この潜在結果のどちらかの値が必ず欠損値となる、ということだと言い換えられる。

　さてこの定式化のもとで、ある人について因果効果がある、すなわちルイスの二条件が満たされるとは、$Y_1 = 1$ かつ $Y_0 = 0$ であること、よって同じことだが $Y_1 - Y_0 = 1$ となることである。したがってある集団においてどれくらい因果効果が認められたかは、この期待値をとった**平均処置効果**（average treatment effect）

$$\mathbb{E}(Y_1 - Y_0) = \mathbb{E}(Y_1) - \mathbb{E}(Y_0) \tag{1}$$

で表され、これが 1 に近いほど因果的な効果があったと考えることができる。しかし前述の通り、Y_0, Y_1 は各人に対し常に一方が欠損するので、上の期待値をデータから計算ないし推定することはできない。一方で、$X = 1$ のもとでの Y_1 の期待値と、$X = 0$ のもとでの Y_0 の期待値なら推定できる。単に前者は $X = 1$ である人の Y の値を平均し、後者は同様に $X = 0$ の人で観測された Y を平均すれば良い。よって我々はそのようにして得られた条件付期待値の差

$$\mathbb{E}(Y_1|X = 1) - \mathbb{E}(Y_0|X = 0) \tag{2}$$

なら推定することができる。したがってもし式 (2) が式 (1) に一致するのであれば、因果の根本問題を回避し、得られたデータから因果効果を推定できることになる。

　ではどのようなときに、両式は一致するのだろうか？　一見して明らかなように、それは $\mathbb{E}(Y_0) = \mathbb{E}(Y_0|X = 0)$ かつ $\mathbb{E}(Y_1) = \mathbb{E}(Y_1|X = 1)$ となるときである。これはとりもなおさず、X と Y_i（ただし $i = 0, 1$）が独立である、ということに他ならない（1 章）[3]。しかし残念ながら、一般にそれらが独立であると期待できる理由はない。例えば後者の独立性 $P(Y_1) = P(Y_1|X = 1)$ は、実際に甘党だと確認された人が虫歯になる確率と、人々が仮に甘党だったとした場合に虫歯になる確率が等しいということを述べている。しかし現実世界で実際に甘党な人は、単に甘いものを食べるだけでなく、一緒によくコーヒーを飲んだり、あるいは頻繁に間食する習慣があったりと、他にも歯に悪影響を及ぼすような食生活をおくっているかもしれない。こうした交絡要因がある場合、実際に甘党だと確認された人の虫歯の確率 $P(Y_1|X = 1)$ は、単にランダムに選ばれた人が甘党に「させられた」世界での虫歯の確率 $P(Y_1)$ よりも高くなるだろう。つまり両者は独立にならない。そして前節で述べたように、一般にこうした交絡要因は多数考えられるので、上式 (2) と式 (1) が無条件に一致すると期待することはできない。

　ではどうすれば良いか。一つの方法は、実験によって両者をむりやり独立にしてしまうことだ。例えばそれぞれの被験者についてコインを投げ、表が出た被験者には毎日甘いものを食べてもらい、裏なら食べることを控えてもらう、というような実験を考える。コイン投げはランダムなので、この場合 X は Y_0, Y_1 を含めた他のいかなる変数からも独立になるだろう。これがフィッシャーの有名な**無作為化比較試験**（Randomized Control Trial; RCT）の骨子である。この実験では、被験者のそれぞれに対し、目下関心のある処置（この場合「甘いも

---

[3] 一般に二つの確率変数 X, Y が独立 $P(Y|X) = P(Y)$ であるとき、その期待値にも $\mathbb{E}(Y|X) = \mathbb{E}(Y)$ が成り立つ（理由は期待値の定義から考えてみよう）。またここでは Y_i は 0 か 1 を値に取る二値変数なので、そもそもその期待値は確率と一致し $\mathbb{E}(Y_i) = P(Y_i)$ となる。

のを食べる」）を施すか否かをランダムに決める。そうして得られた処置群／非
処置群の平均（この場合「虫歯の発生割合」）を比較して、その差が有意に大き
ければ（3 章）、処置には因果的な効果があったと結論される。そしてその根拠
は、上述のように、無作為化によって処置 X が潜在結果 Y_0, Y_1 と独立になり、
実際の観察から推定可能な二群の差（2）が、本来可能世界で定義される平均処
置効果（1）に一致すると考えることができるからなのである。

　RCT は因果推論の王道であり、因果関係についての科学的知見の多くはこれ
に頼っている。例えば新薬開発では、この RCT によって効果が認められた薬
のみが認可され、市場に出回ることができる。しかし一方で、RCT の実施には
様々な現実的ないし倫理的な困難がつきまとう。というのも RCT は実際に人
を募って実験をしなければならず、これは概して非常に大きな人的、時間的、
および経済的なリソースを要求する。また倫理的な問題から、そうした実験が
難しいケースもある。例えば、喫煙の健康リスクを知りたいからといって、無
作為に集めた人々に対して喫煙を強要するというのは、倫理的に許容されるこ
とではないだろう。あるいは他にも、人間活動による環境への影響や、ある政
策が経済へ与えるインパクトの評価など、そもそも実験を行うことができない
ような場面も考えられる。そうした場合でも、因果関係が疑われる変数の観測
データは手に入る場合がある。例えば喫煙リスクについての無作為化試験は難
しいが、喫煙習慣と疾病歴についてのデータはそれよりも大分入手しやすいだ
ろう。こうした観測データのみから、因果関係についてなにがしかの推論を行
うことはできないだろうか？　あるいは見方を変えれば、RCT は無作為に処置
を行うことによって「仮に $C/\neg C$ だったとしたら」という反事実的状況をラン
ダムに作り出す作業である。しかしそのように可能世界を作り出してしまうこ
となく、現実世界からその世界を単に覗き見るような手段はないのだろうか？

　形而上学的な観点から言えば、現実世界から他の可能世界を覗き見るような
ことなどできっこない。しかしながら、一定の想定のもとで、それを推論するよ
うな方法を考えることはできる。それはどんな想定だろうか？　それを考える
ため、再び表 5.1 に戻ろう。我々の問題は、この表下二行の Y_0, Y_1 は各人につき

表 5.2 表 5.1 のデータで、被験者 A と B、C と D をそれぞれ「そっくりさんペア」としてまとめたもの。Y_0, Y_1 の値が互いに補完されることで、各ペアについて効果差 $Y_1 - Y_0$ が計算される。

被験者	A	B	C	D	E	⋯
X	1	0	0	1	1	⋯
Y_0		0		1	−	⋯
Y_1	1		1		0	⋯
$Y_1 - Y_0$	1		0		−	⋯

どちらか一方しか観測することができない、ということであった。確かに、被験者 A と B を見ると、X の値が 1 である前者では Y_0 が、また 0 である後者では Y_1 が欠損している。我々は Y_i の値を「$X = i$ としたときの Y の値」と定義したので、これは当然である。しかしここで、実は被験者 A と B は瓜二つの双子で、甘いものが好きかどうかという点以外ではすべての点において共通する生き写しだったと想定してみよう。もしこの想定が許されるのであれば、我々は被験者 B の結果を「被験者 A が仮に甘党でなかったときの結果」、および被験者 A を「被験者 B が仮に甘党だったときの結果」として扱うことが可能なのではないだろうか。ここで二人が双子であるという点は重要ではない。どのような出自であれ、もし二人ないし複数の被験者があらゆる意味でそっくりな生き写しであり、処置 X の値においてのみ異なるのであれば、片方の Y_i の現実世界での観測値を、もう一方においては不可避的に欠損しているその「可能世界での値」の代替値として扱うことができるのではないか。もしそうなら、それらのデータを合算することによって、効果の差 $Y_1 - Y_0$ を各「そっくりさんペア」について計算することができ、それを平均することによって平均処置効果（1）を直接推定することができるだろう（表 5.2）。

　しかし問題は、そもそもそのような「そっくりさん」が都合良くデータに入っているという保証は全くないことだ。またそもそもどのような基準で「そっくり」と判断できるのかも明らかではない。属性の種類など無限に考えることができるのだから、どのようなペアを取ってきても、両者が似ている点／似ていない点をいくらでも数え上げることができるだろう。よって問題は、どのような

属性において一致していれば両者が似ていると判断できるのか、ということになる。被験者同士があらゆる面でそっくりである必要はない。そもそも我々の目的は、あくまで上で見た式 (2) において X と Y_i を独立にすることだ。このためには何らかの変数 $\boldsymbol{Z}$ を探してきて、そのもとで条件付独立性 $X \perp_P Y_0, Y_1 | \boldsymbol{Z}$ が成り立つようにしてやれば十分である。この条件は、**強く無視できる割り当て**（strongly ignorable treatment assignment）条件と呼ばれる。きちんと確率式で書き下せばこれは

$$P(x|y_0, y_1, \boldsymbol{z}) = P(x|\boldsymbol{z}) \tag{3}$$

となり、要はこれを満たすような属性のリスト（ベクトル）$\boldsymbol{Z}$ さえ求めれば良い。そしてある変数によって確率分布を条件付けるとは、その変数の値が同じであるような被験者に範囲を絞って確率を考えるということに他ならない。よってここで言われていることは、同じ $\boldsymbol{Z}$ の値を持つ被験者であれば、X と Y の間の因果関係の推論という目的にとっては「そっくり」とみなしてよろしい、ということである。

　では $\boldsymbol{Z}$ には具体的にどのような属性が含まれるのかというと、それは既に 1 節で見た、X と Y の間の交絡要因である。もし $\boldsymbol{Z}$ がそうした交絡要因をすべて含んでいれば、独立条件 (3) は成立し、観察データから平均処置効果 (1) を推定できる。しかし 1 節でも述べたように交絡要因は通常多数考えられ、それらをすべて共変量として回帰モデルに組み込むと分析の精度が落ちてしまう。そこで、こうした要因を「要約」するような一つの変数があれば便利である。そうした変数としてよく用いられるのが**傾向スコア**（propensity score）であり、これは共変量 $\boldsymbol{z}$ が与えられたときに処置を受ける確率 $P(X = 1|\boldsymbol{z})$ として定義される。つまり二人の被験者が「甘党である確率」という一点のみで共通していれば、両者は「そっくり」だとみなして良いのである。といっても普段ぱっと見で「この人は甘いものが好きそう／苦手そうだな」などとわかることはあまりないだろう。しかし例えばよくグルメ情報をチェックしているとか、間食の習慣があるなどといった背景情報が与えられていれば、そこから甘党であるこ

との確率も推定できるかもしれない。そこで一般には、このように処置に影響を与えるような要因（すなわち交絡要因）からまず傾向スコアを推定し、その推定値によって条件付けることで、強く無視できる割り当て条件 (3) を達成する、という手順がとられる。

　以上見てきた潜在結果のアイデアや、傾向スコアを用いて因果効果を推定する一連の方法枠組みは、ルービンの**反実仮想モデル**（counterfactual model）として知られ、観察データのみから因果関係を推論するための有用な手立てとして広く用いられている (Rubin, 1974; 星野, 2009)。もちろん、こうした推論は何らかの前提を要請する。具体的には、交絡要因を網羅することによって、強く無視できる割り当て条件が満たされることが肝要である。しかし1節でも確認したように、未知の交絡要因は原理的にいくらでもありうるし、またM字構造のように共変量に含んではいけないような変数も存在するのだった。だとすれば回帰分析モデルのアキレス腱であった共変量選択の問題はそのままここにも当てはまるのであり、よって反実仮想モデルを用いたからといって因果推論にまつわる困難が雲散霧消するわけではない。

　では、反実仮想モデルと回帰分析では何が違うのだろうか。一つは、各々の共変量を明示的にモデルに組み込まずに傾向スコアによって要約することで、推定されるべきパラメータの数を減らし、モデルの性能を良くしたり（4章）、あるいはより柔軟にモデルを立てることができるようになるという認識論的な利点である。多様な研究対象において、性質の異なる共変量をできるだけ多くカバーし、因果関係を正確に測定したいという実務的な目的にとって、これが反実仮想モデルの大きな長所であることは間違いない。しかし本書がより強調したいのは、むしろ意味論的な側面である。規則説が因果概念をあくまである種の確率的な関係として捉えようとしたのに対し、反実仮想モデルはそうした還元主義的な定義を放棄する。因果関係を与えられたデータ中の関係性として探し求めるのではなく、得られたデータと「仮に状況が違っていたらどうなっていたか」という仮想的なデータとの比較によって因果効果を定義する。そしてそうした反事実的な関係性を表すために、潜在結果という可能世界的な概念

を導入する。このように両者は「因果関係とはそもそも何か」という概念的な理解において大きく異なるのである。確かに反実仮想モデルにおいても、平均処置効果は最終的には独立変数と目的変数の間の条件付従属性として、つまりある種の相関関係によって推測されなければならない。しかしそうした確率的関係は因果を定義するものではなく、あくまでそれを推論するための現実世界における足がかりないし代理として用いられるものだ。因果自身は、確率に還元されることなく、確率モデルのさらに向こうにある可能世界に属する概念として理解される。つまりまとめると反実仮想モデルは、因果命題とは可能世界のあり方についての主張であるというルイス流の意味論を受け入れた上で、現実に得られたデータからその主張の成否を推論するための認識論を与える。この点において、それは因果の本性についての形而上学と認識論に興味深い含意をもたらすのである。

3　構造的因果モデル

　反実仮想モデルは、観察データのみから因果推論を行うための強力な枠組みを提供してくれる。しかしいかなる手法も、それが帰納推論である限り、探究対象に関して何らかの想定を立てる必要がある。反実仮想モデルにおいては、そうした想定は、例えば共変量に主要な交絡要因が入っていることや、また M 字構造が含まれていないことなのであった。数理的観点から見た場合、こうした要請の意味合いは明瞭である。つまり、それによって強く無視できる割り当て条件が満たされ、観測された標本平均から平均処置効果を推定することができる。しかしより哲学的な観点から見ると、これらはいったいどのような想定として理解できるのだろうか。

　我々は 1 章で、確率モデルを想定することは、データの背後に不変的に存在する自然の斉一性を想定することであり、またパラメトリックな統計モデルを立てることは、その自然を一つの確率種としてカテゴライズすることだと述べ

た。 つまり統計学的な想定のそれぞれは、「我々が扱う対象とはこのようなモノである」という思いなし、すなわち対象についての存在論的な想定に対応している。だとすると反実仮想モデルの想定は、我々に対してどのような自然観を採るよう促すのか、ということが哲学的関心として湧いてくる。例えば具体的に、交絡要因を抑えることで強く無視できる割り当て条件を満たすことができる、と主張されるとき、そこには因果構造と確率の関係性についての一定の思いなしが存在している。それはどのような想定だろうか。以下本節では、**構造的因果モデル**（structural causal model）と呼ばれる一連の手法 (Spirtes et al., 1993; Pearl, 2000; 黒木, 2017) を手引に、そうした因果と確率の間の一般的な関係性を考察するとともに、因果推論の存在論的な含意を探ってみたい。

3-1　因果グラフ

反実仮想アプローチでは、因果は現実世界と可能世界の間の反事実的関係として捉えられた。しかしより直感的な因果についての見方は、それを向きを持った影響関係として理解するものだろう。例えば「X は Y の原因である」と言うとき、我々は前者から後者への何らかの影響関係をイメージするのではないか。一般にこうした影響関係は、矢印 $X \to Y$ によって表される。もしこれ以外にも因果関係がある場合は、さらに矢印を継ぎ足して、複数の変数の間の因果構造を有向グラフ（directed graph）によって表すことができる。

形式的には、有向グラフとは変数の集合 V およびその間の矢印の集合 E の組 (V, E) である。このように定義された有向グラフを、変数 V 上の**因果グラフ**（causal graph）と呼び、G で表そう。因果グラフから、変数間の因果的なつながりを見て取ることができる。変数 X から Y まで矢印がつながっているとき、その道を経路と呼ぼう。ただし経路は必ずしも矢印の向きが揃っている必要はないものとする。$X_1 \to X_2 \to \cdots \to X_n$ のようにすべての矢印が同じ向きを向いている経路は、特別に有向経路と呼ぶ。X から Y に有向経路がある場合、Y は X の結果であるとされる。始点と終点が同一であるような有向経

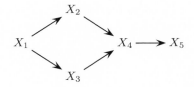

図 **5.1** 　非巡回有向グラフの例。このグラフに含まれる有向経路の例としては $X_1 \rightarrow X_2 \rightarrow X_4 \rightarrow X_5$、そうでない経路としては $X_1 \rightarrow X_2 \rightarrow X_4 \leftarrow X_3$ などが挙げられる。後者において X_4 は合流点になっている。

路 $X_1 \rightarrow X_2 \rightarrow \cdots \rightarrow X_1$ はサイクルと呼ばれる。このようなサイクルを含まないグラフを、非巡回有向グラフ（Directed Acyclic Graph; DAG）と呼ぶ。以下では簡便のためこうした DAG のみを考慮する。また経路上で二つの矢印が衝突するような場所 $X \rightarrow Z \leftarrow Y$ を合流点（collider）と呼び、そうでない場所、つまり $X \rightarrow Z \rightarrow Y$ ないし $X \leftarrow Z \rightarrow Y$ となっている場所は非合流点と呼ぶことにする（図 5.1）。

　さて我々がこの因果グラフを用いて表したいのは、ある変数が他のどの変数と因果的に連関し、またそうした因果的関係がどのようなときに切断ないしブロックされるのかということである。例えば直観的に、$X \rightarrow Z \rightarrow Y$ という因果の「流れ」があったとき、X は Y に影響を及ぼすだろうが、しかしもし我々が Z をブロックして固定してしまったらその「流れ」はせき止められ、影響関係も失われるだろう。一般に、ある変数集合 $\boldsymbol{Z}$ が X と Y の間の経路をブロックするのは、次のうちいずれかが成り立つときだとされる[4]：

　1. 経路上の非合流点で、$\boldsymbol{Z}$ に含まれるものがある。
　2. 経路上の合流点で、その点および結果が $\boldsymbol{Z}$ に含まれないものがある。
また経路はブロックされていないとき、開いている（open）といわれる。このうち 1 は直観的に理解しやすいだろう。二つの変数を結ぶ経路上の非合流点とは、有向経路の途中経過地点 $X \rightarrow Z \rightarrow Y$ か共通原因 $X \leftarrow Z \rightarrow Y$ である。そうした点を抑えてしまったら、端々の変数の間の因果的連関が途絶えてしま

---

[4]ただし $\boldsymbol{Z}$ は $X \cup Y$ とは排反とする。

う、というのはわかりやすい。他方 2 においても、経路上に（Z に含まれていない）合流点があればその経路はブロックされている、ということはさほどおかしなことではないかもしれない。例えば $X \to Z \leftarrow Y$ という経路があったとき、X と Y は単に合流点 Z に対し別個に影響を与えているだけなのだから、それら原因自身が互いに因果的に連関していると考える理由はない。むしろ不可解なのは、この合流点ないしその結果が Z に含まれると、この経路が開いてしまうということだろう。これは単に「ブロック」ということの形式的定義だと思って納得してほしい。あるいは、因果的影響を X と Y という水源から Z に流れ込む水の流れのようなものと捉え、Z あるいはその下流でせき止めると水が溢れてしまい二つの水源 X と Y の間に流れができる、というようにイメージしても良いかもしれない (林・黒木, 2016)。

　開いた経路は変数間に因果的な結びつきを作り出し、また逆にそれがブロックされるとその結びつきは遮断される。一般に二つの変数 X, Y の間には複数の経路があるかもしれないし、一つも無いかもしれない。もしそうした経路が全くないか、あるいはあってもそれらすべてが上述の意味でブロックされているとき、X, Y は Z によって**有向分離**ないし **d-分離**（d-separation）されるといわれる。 例えば図 5.1 において、X_2 と X_3 の間には $X_2 \leftarrow X_1 \to X_3$ および $X_2 \to X_4 \leftarrow X_3$ という二つの経路がある。ここで $Z = \{X_1\}$ とすると両方の経路をブロックできるので X_2 と X_3 は有向分離される。一方空集合 $Z = \emptyset$ では一つ目の経路がブロックされず、また $Z = \{X_1, X_5\}$ のように合流点の結果 X_5 を含み込んでしまうと二つ目の経路が開いてしまうので、有向分離にならない。よってこの因果グラフにおいて、X_2 と X_3 との間の因果的つながりが断ち切られるのは X_1 を抑えたとき、そしてそのときのみであることがわかる。

　さて以上のことはすべて、因果関係というものに対する我々の直観をグラフによって図示し、その上で若干の定義をしたのに過ぎない。問題はこのように表された因果構造が、変数上の確率分布とどのように関係するのか、ということである。それを述べるのが**因果的マルコフ条件**（causal Markov condition）である。これは、変数が因果グラフ上で有向分離されるとき、つまり両者の因果

的つながりが断たれるとき、それらは確率的に独立になる、と主張する。グラフ G 上の変数 X, Y が $\boldsymbol{Z}$ によって有向分離されることを $X \perp_G Y | \boldsymbol{Z}$ と書くことにすると、これは

$$X \perp_G Y | \boldsymbol{Z} \Rightarrow X \perp_P Y | \boldsymbol{Z} \tag{4}$$

と表せる。ここで両辺を混同しないように注意しよう。右辺の独立関係 $\perp_P$ は変数上の確率分布についての言明であるのに対し、左辺の有向分離 $\perp_G$ は因果グラフ上の変数相互の位置関係について述べたもの（添字の G は因果グラフ G を表す）であり、両者は全く性質が異なる。確率的従属性は変数間の共起関係を表したもの、つまりあるものが生じたときは他のあるものもともに生じる、というような関係性を示すものである。一方因果グラフは、変数間の因果的影響関係、つまりあるものが他のものに影響を与える、という関係を矢印によって表したものである。このように因果グラフと確率分布は物事の別の側面を捉えているのだが、しかし両側面の間には「因果的に切断（有向分離）されているものは確率的にも独立になっている」という一定の関係性がある、こう述べるのがマルコフ条件 (4) なのである。

　ではこうした関係性（マルコフ条件）が成立すると考えられる根拠は何なのだろうか？　一つの論拠は、確率的関係は背後にある因果構造から生み出される、と考えることだ。因果構造とは、上で述べてきた有向グラフによって表されるような構造である。いま、このように矢印で定性的に示された各因果関係を、関数によって定量的に表すことを考えてみる。つまりそれぞれの変数 $X_i \in \boldsymbol{V}$ の値は、グラフ上の直接の原因と、それぞれの変数に固有な誤差項 U_i の値の関数として定まると考える。変数 X_i の直接の原因（direct causes）の値を $\mathbf{dc}_i$ で表すと、こうした関数は

$$x_i = f_i(\mathbf{dc}_i, u_i)$$

として表され、これが各変数 $X_i \in \boldsymbol{V}$ に対して定義されているというわけである。これは各変数がその原因（と誤差項）によってどのように影響されるかを

定量的に表した式であり、**構造方程式**（structural equation）と呼ばれる。ここで誤差項 U_i はそれぞれ独立に何らかの確率分布 P に従うとする。すると上の構造方程式にこれを代入していくことにより、すべての変数 $X_i \in \boldsymbol{V}$ の同時確率分布 $P(\boldsymbol{V})$ が一意的に定まる[5]。このようにして得られた確率分布 $P(\boldsymbol{V})$ を、因果グラフ G およびその構造方程式から**生み出された**分布と呼ぶ。そしてこうした分布においては、上述のマルコフ条件 (4) が成立することが確かめられる (Spirtes et al., 1993; Pearl, 2000)。したがってもし我々が、因果構造というものがこうしたグラフと構造方程式によって十全に表されると考えるのであれば、マルコフ条件が一般的に成立するだろうと期待できるのである[6]。

3-2　介入とバックドア基準

　以上、構造的因果モデルの考え方を手短に解説してきた。そこでは因果構造は有向グラフによって表され、そうしたグラフは構造方程式と組み合わされ変数上の確率分布を生み出すことで、因果関係と確率的関係の間にマルコフ条件という関係性が成立するとされる。では、このように考えることの利点はいったいどこにあるのだろうか。つまり構造的因果モデルは、因果推論の実践に対してどのように役立つのだろうか。

　一つ目の利点は、グラフ的道具立てを用いることによって、「介入」という概念を形式的に定義し、その結果をシステマティックに予測することができる、という点である。反事実条件アプローチでは、因果効果は現実世界と可能世界の間の差分として定義された。しかしより一般的には、因果関係は介入によって捉えられることが多いだろう。もし甘いものが虫歯の原因なのであれば、前者に介入することで後者の確率を変えることができるはずだ。例えば極端だが、禁酒法ならぬ禁甘法なるものが制定され、甘いお菓子の輸入、製造、所持、摂取

---

　[5]ここでは DAG を仮定していることに注意。サイクルがある場合、同時確率分布は必ずしも一意的に定まらない。
　[6]よって逆にもし因果関係はこうした道具立てでは十分に表されないと考えるのであれば、マルコフ条件を疑う余地があることになる。こうした懐疑論として、例えば Cartwright (1999) を参照せよ。

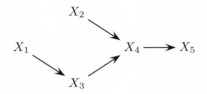

図 5.2　図 5.1 の X_2 に介入を行った後の因果グラフ。

が一切禁止されたら、虫歯は減るかもしれない（同時に喜びも減るだろう）。し
かしもし両者は単に他の交絡要因によって相関しているだけなのであれば、そ
うした禁止措置には何の効果も期待できないだろう。つまり X が Y の原因で
あるとは、X に介入してその分布を強制的に他の分布へと変えることにより、
Y の分布 $P(Y)$ が変化する、ということだと考えることができる (Woodward,
2003)。こうした介入は、因果グラフ上において、介入される変数 X に向かう
矢印をすべて削除することによって表すことができる。というのも介入された
変数は、本来それが持っていた諸原因からは切り離されて、強制的にある分布
へと設定されるからだ。例として図 5.2 では、図 5.1 の X_2 に介入を行った結果
のグラフを表している。もしこの図の X_1 を各人の嗜好、X_2 を甘いものの摂取
量、X_3 をアルコール摂取量、X_4 を虫歯の有無、X_5 を各人にかかる歯科医療
費だとすると、これは前述の禁甘法の厳密な施行により、各人の嗜好に関わら
ず甘いものの消費がゼロになる、ということだと解釈できるだろう。他方、禁
酒法の施行はこの図の X_3 に対して同様の操作を行うことだと考えられる。

　ではこうした介入によって、全体の確率分布はどのように変化するだろうか。
例えばあなたが財務省の幹部だったとしたら、禁甘法の施行によって医療費が
どの程度削減されるかに関心があるかもしれない。しかしだからといってそれ
を実際に試してみるわけにはいかないだろう。できれば介入を行わずして、そ
の結果を事前に、観察されたデータのみから予測したい。こうした介入結果予
測を因果グラフに基づいて行うのが、**do 計算**（*do*-calculus; Pearl 2000）であ
る。計算には因果的マルコフ条件を用いる。この条件が成立していれば、同時

確率分布は、以下のように各変数の直接原因のもとでの条件付確率を全変数で
かけたものに等しくなることが知られている：

$$P(\boldsymbol{v}) = \prod_{v_i \in \boldsymbol{v}} P(v_i | \mathbf{dc}_i)$$

ただし $\mathbf{dc}_i$ は変数 V_i のグラフ上の直接原因 $\mathbf{DC}_i$ がとる値である。例えば図 5.1
では、

$$P(x_1, x_2, x_3, x_4, x_5) = P(x_5|x_4)P(x_4|x_2, x_3)P(x_3|x_1)P(x_2|x_1)P(x_1)$$

となる。なおこの右辺の確率は、各変数の観測値から推定できることに注意
しよう。さてここで X_2 に介入を行い甘い菓子の消費量をゼロにする。これ
を $do(X_2 = 0)$ という演算子によって表し、介入後の他の変数の同時確率を
$P(x_1, x_3, x_4, x_5 | do(X_2 = 0))$ と書くことにしよう。これは一般に条件付確率
$P(x_1, x_3, x_4, x_5 | X_2 = 0)$ とは異なる、ということに注意されたい。この介入
後の確率を求めるためには、介入後のグラフ（図 5.2）に再びマルコフ条件を
適用すれば良い。介入は X_2 への矢印を取り去るので上式から $P(x_2|x_1)$ を落と
して

$$P(x_1, x_3, x_4, x_5 | do(X_2 = 0)) = P(x_5|x_4)P(x_4|x_2, x_3)P(x_3|x_1)P(x_1)$$

となる。ここで右辺の各項は、介入前の条件付確率をそのまま流用している。
よってこの式は、介入後の確率（左辺）を、介入前の確率から導き出しているこ
とになる。つまり介入前の因果グラフと変数の確率さえ与えられていれば、実
際に介入を行うことなく、その結果を予測できるのである。介入後の各変数の
周辺分布、例えば禁甘法施行後の歯科医療費の予測も、この介入後分布を X_5 以
外で周辺化することで求められる。

　こうした「介入」としての因果概念は、前節で見た反事実的な因果解釈と対立
するものではない。むしろ両者は同じコインの裏表である。実際のところ、変
数 X への介入とは、現実世界とは X の値においてのみ異なるが、それ以外は

変わらないような可能世界を無理やりに作り出すことだと考えることができる。
例えば上の思考実験における禁甘法の施行は、甘い菓子類だけが市場からなく
なるが、他の点、例えばアルコールの消費量等については何ら変わりのない社
会を作り出すことを想定している[7]。よってそうした介入効果の期待値の差を
とれば、前節で見た平均処置効果 (1) が導かれる。すなわち Y_0, Y_1 をそれぞれ
処置 $X = 0, X = 1$ としたときの Y の潜在結果としたら、

$$\mathbb{E}(Y_1) - \mathbb{E}(Y_0) = \mathbb{E}(Y|do(X = 1)) - \mathbb{E}(Y|do(X = 0))$$

が成り立つ。つまり平均処置効果 (1) とは、介入 $do(X = 1)$、$do(X = 0)$ のもと
での Y の期待値の差に他ならない。

　さて、因果グラフを用いることの利点の二つ目は、こうした因果効果／平均
処置効果を推定するための条件、すなわち強く無視できる割り当て条件が、ど
のような状況のときに成立するかを、グラフ上で視覚的に分析可能になるとい
うことである。我々は 2-2-2 節において、共変量 Z が強く無視できる割り当て
条件 (3) を満たせば、経験的データから平均処置効果を推定できることを確認
した。ではどのように共変量 Z を選べばその条件が満たされるのだろうか。そ
れは Z が次のバックドア基準（back door criterion）を満たすときである (林・
黒木, 2016; 黒木, 2017)：

1. Z のうちには X の結果が含まれない。
2. X から出る矢印をすべて除いたグラフにおいて、Z が X と Y を有向分離
   する。

この基準は合わせて、X から Y への因果的な効果を測定したいのであれば、両
者の間に存在するそれ以外の因果的な結びつきのすべて、そしてそれだけを遮
断すべし、ということを述べている（ちなみに 2 で X から出る矢印を除く必
要があるのは、測りたい当の因果経路自体を遮断することを防ぐためだ）。例え
ば、X と Y の共通原因は両者の間に開いた経路を作るので、有向分離するた

---

[7]この条件を満たさず、（ターゲット変数の結果以外の）他の変数の値も同時に変えてしまうような介入は、
fat-hand な介入と呼ばれる。

めにはそれは共変量のうちに含めなければならない。一方で、両者の共通の結果 $X \rightarrow E \leftarrow Y$ や M 字構造における合流点を含めてしまうと経路が開いてしまうため、それらを含めてはいけない。このように因果グラフを眺めることで、どの変数を共変量に含める、ないし含めないべきであるかが、視覚的に明確になるのである。

3-3　因果探索

　以上の議論はみな、手持ちの因果グラフが正しい因果構造を捉えており、実際の確率分布に対しマルコフ条件を満たしている、ということを前提にしたものだ。当てずっぽうな因果仮説に基づいて do 計算や交絡調整を行っても、正しい結果は望むべくもないだろう。では我々はどのようにして正しい因果グラフを得るのか。研究対象によっては、ドメイン知識によって因果関係の概略が与えられることもあるかもしれない。しかしながら現実的にはほとんどのケースにおいて、対象変数間の因果的連関は我々にとって未知なのであり、そうした場合には、データから因果グラフを何らかの形で推論する必要が生じる。つまり因果構造という新たに導入された「存在」をデータから探るための認識論が必要になる。

　そうした手法は**因果探索**（causal discovery）と総称され、複数のアルゴリズムが提唱されている。因果探索の根底にあるのは、前述した、確率分布はもととなる因果構造から生み出される、という存在論的な前提である。もしそうなのであれば、確率分布およびそこから得られるサンプルには、生み出すもととなった因果的な構造を探るためのヒントが、いわば一種の痕跡のような形で残されているだろう。因果探索アルゴリズムは、このようにデータ上に残る様々な痕跡から、変数同士の因果構造、すなわち因果グラフを構築することを目指すものだ。イメージを掴むため、統計的独立性を用いる手法を簡単に紹介しよう。我々は上で、因果関係から確率的な結論を導く際に、マルコフ条件を用いた。因果探索で問題になっているのはその逆の推論、すなわち確率的関係から

因果構造を導くような推論である。この目的のため、**忠実性条件**（faithfulness condition）と呼ばれる以下のような条件を仮定する：

$$X \perp_G Y | \boldsymbol{Z} \Leftarrow X \perp_P Y | \boldsymbol{Z} \tag{5}$$

忠実性条件はマルコフ条件とはちょうど逆に、変数間に条件付独立性が成り立つなら（右辺）、それらが因果グラフ上で有向分離される（左辺）、ということを述べる。 これを仮定したとき、どのように因果関係が推論できるのかを見てみよう。いま三つの変数 X, Y, Z の上の確率分布が与えられており、三者の間に $X \perp_P Y$ および $X \not\perp_P Y | Z$ という関係が成立しているとする[8]。つまり X と Y はそのままでは独立だが、Z で条件付けると従属となる。忠実性条件を認めれば、こうした独立性のパターンに合致するような因果関係は一つ、すなわち $X \to Z \leftarrow Y$ に絞られる。というのもまず $X \perp_G Y$ より X と Y の間には因果的影響を及ぼしあうような有向経路も共通原因も存在せず、一方 $X \not\perp_G Y | Z$ すなわち Z が X と Y の経路を開いてしまうということから、Z は両者の間の合流点をなすと結論できるからだ。 このように忠実性条件を認めることで、確率的関係から因果関係を推論できる。

　ただしこうした特定が常に可能なわけではない。例えば上とは逆に、$X \not\perp_P Y$ および $X \perp_P Y | Z$ という関係が成立していた場合は、因果関係としては $X \to Z \to Y$、$X \leftarrow Z \leftarrow Y$、$X \leftarrow Z \to Y$ という三つの可能性が考えられ、このうちどれが真の因果構造かは一意的には定まらない。よって確率分布から推定できるのは、あくまで複数の因果仮説の集合であり、多くの場合それを一意的に絞り込むことはできない。また仮定した忠実性条件が常に成り立つとも限らない。この条件は、独立である変数は因果的に切断されているということを含意する。しかしある変数が二つの経路で別の変数に影響を与え、それらの影響が互いに打ち消し合ってしまっているような状況では、前者は後者の原因であ

---

[8] もちろんこれまで長々と論じてきたように、確率分布はデータとして「与えられる」ようなものでなく、データから推論されなければならない。具体的にここでは、変数間の独立性の判断は、検定等を通して推論されるものである。しかし以下では、その判断の正しさは前提とし、確率分布に関する知識から因果仮説をどう導けるかという点に焦点を合わせる。

るのにも関わらず、確率的には独立になることも考えられる。こうした非忠実（unfaithful）な分布では、上述のような推論は上手くいかない。

　いずれにせよ、帰納推論では、何らかの仮定を置かない限り何も結論することができない、というのは本書において繰り返し見てきたことである。データから確率分布を推定するためには、IID条件や一定の統計モデルを仮定しなければならない。傾向スコアを含めた回帰分析によって平均処置効果を推定するためには、強く無視できる割り当て条件を仮定しなければならない。同じように、条件付独立性から因果グラフを構築するためには、忠実性条件やそれに類する仮定を導入する必要がある。これらの仮定自体は、そこで用いられる手法自体によっては正当化されえず、何らかの他の手段や知識に訴えて正当化されるか、そうでなければあくまで仮定として独断的に受け入れる他ない。認識論としての統計学は、帰納推論にこのように本質的に含まれる論理的なギャップを超えるための「橋」を構築し、それを正当化することに努めてきた。忠実性条件は、確率的な知識をもとに因果的な領野に踏み込むためのそうした橋の一つであると言える（一方マルコフ条件は、因果的な知識をもとに確率的な予測を導く、逆方向の橋である）。確率と因果を架橋する橋には、このように独立性に注目するもの以外にも、分布の形を用いるものなど複数あり、それらはまた別の認識論的手法を提供する。しかしその詳細はここでは立ち入らず、他書に譲ることにしたい (清水, 2017)。

4　統計的因果推論の哲学的含意

　以上、我々は反実仮想モデルと構造的因果モデルという、統計的因果推論についての二つの主要なアプローチを概観してきた。これらの統計的手法は、因果と確率の本性に関して、どのような哲学的含意をもたらすだろうか。

　我々は1章で、帰納推論を支える存在論的枠組みとしてデータと確率モデルの二元論を採用した。推測統計では、既知のデータから未知の現象を推論するた

めに、両者に通底する「自然の斉一性」としての確率モデルを、いわばデータの背後に／データとは異なる次元の存在物として仮定し、この確率モデルの推論を通じて帰納推論を行うのであった。この二元論的な枠組みのもとで、現代統計学は現象を正確に予測するための方法論を発展させてきたのである。では同じ枠組みは、予測と並ぶ帰納推論の典型例である、因果的な推論も等しくカバーしてくれるのだろうか。20 世紀の中頃までの多くの哲学者は、因果的説明と予測では本質的に異なるところはないと考え、両者を統一的な形式的枠組み（いわゆる**被覆法則モデル** covering law model）で扱うことを試みてきた (Hempel and Oppenheim, 1948; 戸田山, 2015)。それとパラレルな仕方で、統計学においても、因果関係を回帰分析などの確率的関係によって定量化する試み（重回帰分析、一般化線形モデル、構造方程式モデリング等）が発展してきた。しかしこうした還元的アプローチは、少なくとも因果推論という観点からすれば、本章 1 節で指摘したような概念的な困難に直面することになる。そしてそれは、ちょうど 20 世紀の後半にかけて統計学者や哲学者が気づき始めたように、因果関係とは確率的な関係ではないからである。つまり因果推論を行う際に我々が問題にしている法則性は、予測の際に用いられる法則性、すなわち自然の斉一性とは異なる。それゆえ、自然の斉一性のモデルである確率モデルでは、因果を捉えきれないのである。

　このことは、我々の因果理解に密接に関係する「介入」の概念を考慮すれば明らかである。一般的な予測が観察されたデータに基づく推論であるのに対し、因果推論とは何らかの介入を行った結果を推論することだと言える（3-2 節）。では介入とは何か。それは対象である系に対して変更を加え、それを新しい状態へと変えてしまうことである。その結果、その系についてこれまで成立してきた斉一性、すなわち確率分布は破られ、新しいものに置き換えられることになる。もし政府が禁甘法を施行するなら、虫歯人口や歯科医療費の分布は施行の前後で変わってしまうだろう（まさにそれが、新法施行の目的である）。因果推論とは、まさに介入によってそのように変えられてしまった後の分布を推論しようとするものだ。その変化の法則を、変化を被る対象の内のみに求めるこ

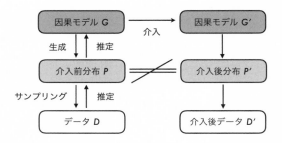

図 **5.3**　因果、確率、データの三元論。因果推論において、因果モデルは確率モデルのさらに背景にあり、分布を生み出すものとして捉えられる。確率モデルの斉一性は、介入によって破られるため、介入前分布のみから介入後分布を求めることができない。介入は因果モデルの層において定義されることにより、それが分布および得られるであろうデータにどのような影響を与えるかを推論することができる。一方、因果モデルは確率モデルよりデータから離れた「奥」にあるので、推定はより困難になる。

とはできない。必要とされるのはむしろ、そうした個々の分布／世界を結び付けるような間世界的な法則性なのであり、その点において、因果推論は確率モデルを超えた道具立てを必要とするのである。

　本章で見た可能世界や因果モデルといった概念装置は、こうした確率モデルのさらに「向こう側」を捉えるためのものだ。つまり、推測統計が既知のデータから未知のデータを導くための紐帯として自然の斉一性／確率モデルを導入したように、因果推論は介入前の確率モデルから介入後のそれを求めるための法則性として因果モデルを導入する。それはいわば確率モデルのさらに背後にある構造であり、こうして因果推論はデータ／確率モデル／因果モデルの**三元論的な存在論**（図5.3）を提示することになる。1章で見たように、確率モデルは観測データの奥に控える世界そのものをモデル化する。異なる確率分布は、異なる世界を表す。前章までで扱った伝統的な統計学の目的は、得られたデータから、そうした可能世界／分布のうち、どれがこの現実の世界なのかを判断することであった。一方、因果推論において問題になるのは、現実の世界で介入を行った場合どのような世界が実現するのか、あるいは現実がどの可能世界へと変わるのか、ということである。つまり介入とは現実世界から可能世界への

<ruby>写像<rt>マッピング</rt></ruby>なのであって、因果推論とは畢竟、そのマッピングの法則性を突き止めることに他ならない。因果モデルは、こうした可能世界の間のマッピング関係をモデル化するものだ。介入という操作はこの新しく導入された因果的な層においてグラフの変換として定義され、do 計算はそのモデルと介入に基づいて結果となる確率分布をはじき出す。実際、因果モデルとは与えられた分布と介入から介入後の分布を返す一つの関数なのであり、do 計算とはその関数の値を計算することだと考えることができる。因果的な効果を推定するとは、こうした計算によって、介入によって生じるであろう現実世界から可能世界への移行を予測することに他ならない。そしてこうした計算は、現実世界を含めたそれぞれの世界／確率分布の背後にある生成的な法則性を第三の「存在」として仮定し、それを因果モデルとして形式的に表現することによって、初めて可能になるのである。

　こうした存在の層を明確に区分することは、単に哲学的関心のみならず、統計学における種々の概念を理解するためにも重要である。例えば推測統計において、統計量を始めとした標本の性質と、期待値などといった母集団の性質を区別することは本質的な重要性を持つ。データから分布のパラメータを推論することはできても、それを計算することはできない。というのも、両者は異なる存在の層に属する、いわば「異なった世界」の住民だからである。同様の理由で、因果推論においては、確率モデルに属する概念と因果モデルに属する概念を峻別しなければならない (Pearl, 2000)。期待値や独立性などは確率モデルを記述するものである一方、平均処置効果や有向分離などは因果モデルに属する概念である。それゆえ両者は本質的に異なり、前者と後者を同一視することはできない。我々にできるのは、ある状況（例えば強く無視できる割り当て条件や忠実性条件が満たされた状況）において、前者から後者を推論することだけである。また同じように、因果グラフはベイズネット （Bayesian network）のように、単に変数間の条件付独立性のパターンをグラフによってコード化したものではない。というのもベイズネットはあくまで個々の確率分布の性質をグラフで表現したものであるのに対し、前述のように因果グラフは分布間の関

係性を捉えたものだからである。数学的表現は、その抽象性によって、我々にしばしばこうした存在論的区別を忘れさせてしまう。ベイズネットであれ因果グラフであれ、両者はともに同じ数学用語で表記される有向グラフに過ぎない。通常の相関分析にも用いられるのと同様の手法が、傾向スコアを用いた因果効果の推定にも適用される。こうした抽象化は、まさに具体的な対象を超えて普遍的に当てはまる数学の強みである。しかしながら、たとえ同じ数学的手法・表現によって処理されるものであっても、その意味合いは異なりうる。一般にこの違いは、「解釈」の違いとして片付けられることが多い——すなわち、ある統計量はある文脈では相関係数として解釈され、別の文脈ではそれが因果効果として解釈される、というように。しかしより深く見ると、それは我々が分析対象をどのようなモノとして捉えているかという、存在論的想定に起因する違いなのである。もしそれが確率種として捉えられているのであれば、我々がそれについて下す結論はすべてその確率的性質に関する事柄に限定され、またその正当性はその対象が確率種の存在論的特徴（斉一性等）を実際に有しているか否かに依存する。一方もし因果的な主張を行いたいのであれば、我々は対象をさらに一つの「**因果種（causal kind）**」としてみなさなければならない。そしてその主張の成否は、そうした存在論的な帰属が正当化されるかどうか、すなわちそのような因果種が満たすと期待されるような条件が、実際に満たされているかどうかによって決まる。この意味において我々は、統計的推論において用いられる概念がどの存在論的な層に帰属するのかを、明瞭に把握しておかなければならないのである。

　以上をまとめると、次のようになる。数理統計学の手法を使うことで対象について何を主張できるかは、我々が対象をどのようなモノとみなしているのかという、我々の存在論に依存する。統計学は、そうした存在に関する想定を、確率分布や潜在結果、因果グラフなどの道具立てによって形式的に表現し、またそうした想定が満たされているかをデータに基づいて判断するための認識論的手段を与える。一方、対象がそもそもどのレベルの存在としてみなされるべきかについては、定まった答えはなく、むしろ与えられた関心や課題によってそ

の都度決定されるべき事柄だろう。もし我々の関心が予測のみにあるのであれば、確率種の想定で十分であり、一方介入結果の予測や制御が問題になるのであれば、因果的な想定が必要になってくる。つまり我々は問題に応じて、我々の存在論的な「態度」を決定する必要があり、またそれに応じた認識論的手法を選択する必要があるのである。

読書案内

因果性の哲学に関する入門書としては Mumford (2014); Kutach (2014) などの邦訳がある。本章で扱った統計的な因果推論については、岩波データサイエンスの因果推論特集（Vol. 3）に含まれる解説記事 (星野, 2016; 林・黒木, 2016) がわかりやすい。ルービンの方法についてのより詳細な解説としては星野 (2009)、構造的因果モデルについては黒木 (2017); 清水 (2017) がある。

終　章

統計学の存在論・意味論・認識論

　以上、本書では存在論・意味論・認識論という哲学的視点から、ベイズ統計、古典統計、モデル選択、機械学習、因果推論などといった統計学における各手法を考察してきた。本章ではまとめとして、それぞれの哲学的「縦糸」がどのような役割を果たしていたのか、今一度全体を振り返ってみたい。

1　統計学の存在論

　あらゆる経験科学は、その対象がどのような存在物であり、またその説明に際してどのようなものが仮定されなければならないかについての想定を有している。では統計学においては、何が所与として与えられており、またどのようなモノが仮定されなければならないのか。このような推論や説明のための素材についての前提を、本書では統計学の存在論と呼んだ。

　統計学的実践において最も基礎的とされる「存在物」は、データである。データがなければ統計的推論は始まらない。記述統計は、この与えられたデータのみに基づき、その特徴やパターンを、統計量などの形で明示的に取り出すことを旨とする。つまりそれは、雑多な形で与えられた経験を、ひと目でわかりやすい形で要約することで、思考の経済に貢献する。その一方で記述統計は、与えられたデータに含まれる以上のこと、例えば未観測の事象がどのようであるかについては何も言わない。こうした帰納推論を行うためには、データの背後にあり、そのデータのもととなっているような存在、すなわちヒュームが自然

の斉一性と呼んだものを仮定しなければならない。このような固定的な世界の
あり方を数理的にモデル化したのが、確率モデルである。推測統計はこの確率
モデルとデータの二元論を採用し、後者を前者の部分的な現れとして捉えるこ
とで、後者から前者のあり方を推測し、またそれを通して未観測の事象を予測
するための数学的な枠組みを提供する。我々はこの確率モデル自体を直接に知
ることはできない。その意味において、それは決して完全には検証されえない
仮説である。それにも関わらず、そうした潜在的存在を想定することで初めて、
帰納推論が可能になるのである。

　確率モデルを世界のあり方のモデルだと考えると、予測とは一つの固定した
世界の内における帰納推論だと言える。一方5章で扱った因果推論の関心は、
世界に変化を加えた結果の評価にある。つまりそれは、ある介入が系の確率分
布をどのように変えるか（あるいは変えないか）ということに関心がある。実
際ある変数 X が Y の原因であると言うことは、仮に X の値が異なったら、あ
るいはそれに介入したら、Y の分布も異なっていただろうという反事実的な主
張を行うことに他ならない。その意味において因果推論とは、異なる世界間の
関係性、ないし介入によって引き起こされる可能世界間の推移についての推論
である。よって因果推論を行うためには、単に世界（確率モデル）があるという
だけでは不十分で、むしろたくさんの可能世界が存在し、それらの間にある種
の法則的な関連性があるということまで想定しなければならない。因果モデル
は、こうした複数の可能世界／確率モデル間の関係性を表すものである。介入
は因果グラフの変換として定式化され、これに基づき確率分布（の集合）が介入
後の確率分布（の集合）へとマッピングされる。ある変数が他の変数の原因で
あるといったような因果命題は、こうした間世界的なマッピングの法則性につ
いての命題として定式化される。この間世界的な法則性自体は、もちろんデー
タに直接現れるものではないし、またこの現実世界の確率分布によって汲み尽
くされるものでもない。その意味で因果推論は、より深いレベルでの存在論的
前提を要請する。その上でこの間可能世界的構造を、現実世界におけるデータ
からなんとか推定しようと試みるのである。

　このように、存在論的前提は、理論の説明力を左右する。思考の経済のためであれば、実証主義的なデータ一元論で事足りるが、予測を行うのであれば、確率モデルとデータという二元論的存在論を想定しなければならない。また因果的な説明や介入評価を行うためには、さらに因果モデルというより深い存在論的次元ないし層を導入しなければならない。一般に、存在論がより豊かであるほど、可能な推論の幅は広がる。しかし他方で、豊かな存在論は認識論的には負担となる。新たな存在が導入されるほど、それをデータから正確に推論することは難しくなるのである。経験的な探究は常に、直接的で表層的な層から、より深く隠された層へと進んでいく。こうしてデータから確率モデルが推論され、確率モデルから因果モデルが推論される。それぞれの推論過程は、特有の推論仮定、例えば IID の想定や忠実性条件などによって媒介されるとともに、またそれまでの推論ステップの正しさにも依存している。したがって因果推論を行うためには、単に強く無視できる割り当て条件や忠実性条件などといった、確率と因果の層を架橋する条件が満たされているのみならず、そのもととなる確率分布が正しく推定されているということ、よってその推定を媒介したデータと確率の層間の架橋条件も同時に満たされているということも仮定しなければならない。しかしこうした前提が満たされているという保証はないため、より深いレベルについての推論は、そうでない推論に比べより難易度が高く不確かなものにならざるをえない。こうした説明力と認識論的負荷のトレードオフが避けられないものである以上、統計的推論の実践においては、求められる説明や推論の性質に応じて過不足のない存在論的前提を採用する必要がある。

　以上のように存在論的な層を区別することは、統計学で現れる様々な概念と、その推定のプロセスを理解する上でも有益である。統計学の概念の多くは、何らかの量や関数として定義される。しかし 1 章や 5 章で見てきたように、それらが皆同じ存在論的身分を持つのではない。いわば概念によって、「住む世界」が違うのである。例えば標本や統計量などは、データの世界に住む概念である。一方で、期待値、確率分布や分布族のパラメータ、回帰モデルの係数などは、確率モデルの世界を記述するためのものだ。そして最後に、平均処置効果や構

造方程式の係数は、因果モデルに属し、可能世界間の関係性を表す。推定とは、これらのうち浅い層に属する概念によって、より深い層に属する概念を捉えようとすることだと言える。それには、適切な統計量を立てることでパラメータ、回帰係数などを一定の誤差の範囲内で推定したり、またある期待値（の推定）をもって因果効果を評価したり、変数間の因果的連関の有無を判断したりすることが含まれる。このような意味で、統計学とは、こうして区分された存在の層を乗り越えていこうとする試み、またそれが可能であるための条件を特定しようとする試みだと言えるだろう。

　前述の通り、我々に直接与えられるのはデータのみであり、それ以深の層は隠されている以上、こうした「越境」には大きな困難が伴う。そこで多くの統計学的実践では、この隠された存在のあり様について、何らかの単純化されたモデルを立て、それに基づいて推論を行う。とりわけ確率モデルについて立てられる統計モデルを、本書では確率種と呼んだ（1章）。確率種とは、それ自身では捉えどころのない真なる確率分布を、明示的に書き下せる関数として切り出したものである。こうすることにより、確率分布を有限個のパラメータによって表現することができるとともに、別個の蓋然的事象を、同じ分布族（例えばベルヌーイ分布）によって表される同種の確率問題として、類別することが可能になる。つまり「ありのまま」の存在としてしか形容し難い確率モデルを、一つの普遍的なモノ、ないしタイプとして分節化するのである。それはちょうど、プラチナや虎などといった自然種が、予測や推論に役立つ仕方で世界や現象を分節化し、分類することに似ている。我々はこうした自然種が、世界の客観的な構造を反映している、すなわちそれが「自然をその節目で切り分けている（carve nature at its joints）」ことを期待している。しかしそれは究極的には我々の仮説である。実際、翡翠と呼ばれていたものが硬玉とネフライトという化学的には別の鉱物の混交であったように、現在自然種として受け入れられているものが、実は自然の正しい区分になっていないと後々判明するケースはありうる。同様に確率種も、確率モデルについての一つの切り口であって、唯一のものではない。つまりそれはあくまで、我々がそれによって確率モデルを理

解し、異なる蓋然的事象を統合的に把握するための、存在論的仮説なのである。

　確率種の存在論的ステータスについて考える際にもう一つ考慮しなければならないのは、我々はそうした自然種に何を期待しているのか、つまりそもそも何のために「自然を切り分ける」のかということである。一般に自然種とは、自然の客観的な構造を反映したものだと期待されている。この考えに従えば、良い確率種とは、確率モデルをできるだけ忠実に写し取ったものということになるだろう。しかしこれが唯一の見方ではない。別の観点からすれば、自然種とはあくまで我々の予測に役立つような自然の分節化なのであり、この見方に従えば、良い確率種とは様々な観測にロバストに現れ出てくるようなリアル・パターン（4章）を同定するものである。これら二つの考え方は、そもそも自然種とは何であり、何のために必要とされるのかということについての、異なる存在論的態度を体現している。我々は4章において、モデル選択によってもたらされたのは、こうした存在論的なシフトだと主張した。それまでの統計学が確率種によってデータ生成プロセスをできるだけ近似しようと試みたのに対し、モデル選択は視点を移し、将来得られるであろう分布により合致するような統計モデルを選び出そうとする。この二つが必ずしも一致しないのは、将来のデータとはあくまで我々が観測するデータであり、特定のサンプルサイズなどといったプラグマティックな制約によって規定されているからだ。認識者の処理能力によって、どのようなパターンが「リアル」とみなされるかは変わってくる。これと類比的に、モデル選択は、我々の有限な能力によって集められたデータのうちにロバストに見出されるようなパターンを、予測に役立つ良い確率種として切り出すのである。

　このことは、認識能力によって持つべき存在論が変わってくる、ということを含意する。膨大なデータと計算能力があれば、非常に微細なパターンでも「リアル」なものとして検知して予測に役立てることが可能だろう。これを実現しているように思えるのが、近年進展が著しい深層学習である。深層モデルが興味深いのは、それ自身が膨大なパラメータを有する複雑怪奇な統計モデル、すなわち確率種であるとともに、それが与えられたデータを独自の仕方で表現し、

分類していること、すなわち独自の仕方で世界を分節化しているように思えることである。するとここで、では深層モデルはどのような存在論を持つのか、という疑問が浮かび上がってくる。それは我々と同様の仕方で世界を分節化しているのであろうか、あるいは全く異なる自然種を用いているのであろうか。あるドメインにおいて学習されたモデルが他のドメインにも応用可能であることを示す転移学習は、深層モデルによって学習された自然種がある程度「自然の節目」に沿っていることを示唆する。その一方で、4 章 4 節で取り上げた敵対的事例の存在は、その切り分けが未だ不十分であること、あるいは少なくとも我々が用いる自然種とは大いに異なっている可能性を惹起する。これらの問題が深層学習の社会的応用における重要な課題となる以上、存在論の問題は、深層モデルの評価という文脈にも関わってくる。それというのも、存在論は我々の他者理解の根幹にあるからだ。我々は、全く存在論を共有しない他者とはスムーズに対話し、互いを理解し合うことができない。あるいはそもそも、他の人間や動物がどのようなことをしようとしているのか、その行動を予測し理解することですら、その人や動物が持つ存在論についての理解に依存している。したがって、深層学習が社会へと応用され、受け入れられていくためには、我々はそれが持つ存在論を明確にしていかなければならない。4 章において示唆されたように、仮にそれが本質的に困難で、正解の無い問いだったとしても、そうなのである。

2　統計学の意味論

　存在論が統計学の実践において「ある」と仮定されるべきモノに関わるとすれば、意味論はそれらの仮定された数理的存在物が、現実の世界とどのように対応しているのかに関わる。より一般的な科学哲学の文脈から見れば、これはモデルの解釈ないし表現の問題である。統計学も、他の経験科学同様、対象である蓋然的事象をモデル化することで考察する。このモデルは、対象とは異な

る、理想化された抽象的存在物である以上、こうしたモデルを用いることで得られた結論は具体的現実において何を表しているのか、という問いが当然成り立つ。この問いに答えるのが、統計学の意味論である。

　統計学の意味論は、上述の存在論的層の各層において成り立つ。そのうち最も明示的に議論されてきたのは、確率モデルの意味論、すなわち事象や確率とは何か、という問題であろう。これには主観主義、頻度主義という異なった解釈が与えられ、その間で激しい論争が繰り広げられてきたのは周知の通りである。ベイズ主義で標準的な主観解釈によれば、事象は命題を表し、確率はその命題に対する信念の度合いを表すとされる。一方頻度主義では、事象は出来事であり、確率はその頻度の極限によって定義される。本書ではこれらの意味論的主張の詳細について深入りしなかったが、こうした対応関係は最終的には何らかの**表現定理**（representation theorem）によって裏付けられなければならない。そうした表現定理は、一方において確率モデル、他方において現実世界の系（主観主義であれば命題の集合とそれに対する認識主体の選好関係、頻度主義であれば出来事の集まりとその頻度）を前提し、それら二つの構造が一致する、すなわち両者の間に準同型性が成立していることを主張する。この同型性により、確率モデルについての言明が、現実世界の対応する側面についての言明に翻訳できることが保証される。ここから明らかなように、確率の意味論の問題は、本来的に確率モデルと現実の橋渡しに関するものであって、確率モデルやその上でなされる統計学的探究について何がしかのことを主張するものではない。その意味において、数理的探究としての統計学は、ベイズ統計であれ古典統計であれ、その意味論的特徴付けとは独立した形で行われうる。それはちょうど、量子力学の進展がその解釈（例えばコペンハーゲン解釈など）に依拠せず、数論の研究が現実事象への数の適用条件 (e.g. Krantz et al. 1971) に依存しないのと同様である。いやむしろ、このような解釈問題に煩わされずに、純粋な数理モデル内部の研究として学的探究を行えるということこそ、数理モデルを立てることの最大の意義であろう。しかしそうした数理的探究が同時に・自・然・の探究にもなっているということを最終的に担保するのは、意味論の仕事

である。

　また意味論的探究には、直感的な解釈を提供することで、統計学が何についての学問なのかを明確にするということに並び、無意味な推論や結論を防ぐという消極的だが重要な役割もある。こうした有意味性の条件に関する探究（これはカントやウィトゲンシュタイン的な意味での「批判」とも呼びうるだろう）は、経験的事象への数学の適用条件を探究する測定理論（theory of measurement）の主要な関心事の一つであった (Narens, 2007)。これは統計学においては、尺度の議論でお馴染みである。例えば順序尺度しか持たない変数の平均を比較しても意味がない。というのも全体の順序が同じであっても、各順位に割り当てる数字が異なれば平均は異なる、つまり平均は順序を保つ変換に対し不変的ではないからである。これはつまり、「順序の平均」という概念は（計算はできても）有意味ではない、ということを意味する。そしてこの有意味性の基準、すなわちある変数に対してなされる計算のうち何が有意味で何がそうでないかの基準は、当該変数が何を表現しているか、ということによって定まる。同様の考察を、確率値に対しても行うことができるだろう。つまりどのような確率であれば有意味に語ることができるのかは、確率というものによって何が表現されているかに依存する。すでに見たように、頻度主義的な解釈を採れば、確率とは事象の相対頻度なので、「仮説の確率」なるものについて語ることはできない。つまりそれは無意味な語りなのである。一方主観主義的な解釈では、仮説に確率値を割り当てることができる。しかしそれはあくまで個々の認識主体の信念の度合いとしてであり、仮説の正しさを客観的に表す数値としてではない。このように、採用される意味論によって、どのようなことが確率に対して有意味に語られうるか、ということは変わってくるのである。

　以上は、確率モデルに関する意味論であった。上述のように、意味論的な問いは、その一段奥の存在論的次元である因果モデルについても向けられる。むしろ、確率の意味論をめぐる 20 世紀の主観主義 対 頻度主義の争いが一段落した現在、こちらの因果の意味論の方がより今日的な課題であると言えよう。極めてありふれた用語であるにも関わらず、因果関係は長らく謎に包まれた概念

であった。この根底にあるのは、そもそも「X は Y の原因である」というような因果命題が、一体何を意味しているのかよくわからない、という意味論的問題である。5章で紹介した因果モデルは、それぞれの仕方で、この問題に回答を与える。反実仮想モデルは、可能世界を表す潜在的な変数を導入し、その差、すなわち可能世界間の値の差がゼロでないときに因果関係があると考える。一方の構造的因果モデルでは、グラフ上で介入を定義し、この介入によって結果変数の確率分布が変わるときに因果関係があると判断する。このような数理的道具立てによって曖昧模糊とした因果関係を明確に表すことによって初めて、それをデータに基づき推定するという道が開ける。そしてまた同時に、意味論は有意味な経験的探究の範囲を規定する。例えば「性別」や「人種」などは、他の変数の原因たりうるのだろうか (Marcellesi, 2013; Glymour and Glymour, 2014; VanderWeele and Robinson, 2014)？　つまり、人にとって一見本質的とみなされるようなこうした性質についての介入を、有意味に考えることができるのだろうか。もし答えがノーなのであれば、「性別は給料に影響を与える」というような因果命題は、介入主義的な因果観を採る限り無意味であり、その真偽も決定できないということになるだろう。

　このように意味論は、認識論的探究に先立ち、その可能性の条件を定める。しかし前述のようにいったん意味論が確立されてしまえば、認識論としての統計学は、その意味論的解釈に煩わされずに、単に数理モデル内の数理的探究として行われうる。こうしたこともあり、十分に発展した学的研究においては、意味論の重要性はあまり顧みられることはない。量子力学であれ心理学であれ、それぞれの研究対象が一定の数理的枠組みで表現・探究されうるということはもはや分野における常識ないし基礎的な前提であり、いまさらそれを基礎付ける必要性は感じられないかもしれない。同様に統計学においても、意味論的な解釈問題は過去の遺物であり、むしろ足かせにすらなるという否定的な意見もありうる。こうした見方が広がることは、分野の成熟と健全な発展を示す喜ばしい兆候なのかもしれない。しかしだからといって、意味論的な問題が消え去ることは無いだろう。というのは、確かに統計学は高度に発展した数理的体系で

あるが、しかし数学のようにその内部のみに閉じることはできないからだ。統計学者はモデルを立て、様々な確率を計算し、結論する。しかしそれだけでなく、我々はその結論を、実際の事象や問題に即して解釈しなければならない。仮説の p 値が低い、AIC スコアが低い、事後確率が高いということは一体何を意味するのか。その意味のとり方によって、その仮説に対する社会の受け止め方は変わってくるだろう。つまり統計学はモデルに関する数理科学であり、なおかつそのモデルが現実世界の問題に対し当てはめられなければならないような経験科学でもある。統計学がそうした二面性を持つ限り、意味論的な解釈問題を忘れ去ることはできないのである。

3　統計学の認識論

　統計学は以上のように想定され、解釈された確率モデルを、データから推論する。この統計学の本丸に属する推論的営為を、本書では認識論と呼んだ。統計学における推論は、与えられたものから与えられてないものを知ろうとするという点において、本質的な不可能性を抱えている。それには例えば、得られた標本から母集団への推論のような、全体を知ることが実質上不可能であるような問題から、因果推論における根本問題（5章）のように、原理的に答えを知りえない問題までが含まれる。よって我々は、統計学が下す結論を、そのまま知識として無条件に受け入れることはできない。しかし正しく推論された結果は何らかの意味で正当化されていると考えることはできるし、また現代社会において統計学は仮説を科学的に正当化する手段としての役割を担っている。ここから、統計的推論の結果はどのような意味で正当化されているのか、という認識論的な問いが生じる。つまり我々が統計学の導きに従って予測をしたり、仮説の成否を判断したりするとき、それが妥当な判断であるという根拠はどこにあるのだろうか。

　本書ではこの問題関心のもと、統計学の様々な方法論を、異なった正当化概

念を擁する認識論として特徴付けてきた。とりわけベイズ統計を信念間の整合性を重視する内在主義的認識論、検定理論を信念形成プロセスの信頼性に関わる外在主義的認識論として対比させた。これはもちろん、それらの統計学的／哲学的主張の間に完全な対応があるということを主張するものではない。実際の統計学、認識論の区分は遥かに複雑で込み入っており、このような単純な二分法で割り切れるものではない。すべての統計モデルが偽であるのと同様、こうしたメタ統計学的な分析もまた煎じ詰めれば誤りであろう。しかしながら、帰納推論という共通の問題に対する二つの異なったアプローチとして、このような単純で理想化されたモデルを立てることは、それぞれのアプローチの特徴と問題の所在をあぶり出すという点でも「役に立つ」のではないかと思われる。例えばこの観点のもと、ベイズ主義と頻度主義の間の党派的争いは、「正しい」正当化概念をめぐる認識論的論争として再解釈される。これはすなわち、現代認識論における正当化の真理促進性に関する問いに他ならない。ベイズ主義は、内在主義的な推論計算によって仮説の信念をデータや尤度と整合的な仕方で導き出す。しかしそのような内的整合性が、どのような意味で真理（すなわち外的世界との一致）を保証するのか。これは内在主義的認識論にとって本質的な問いであり、これを解決するためには、与えられた信念体系の外部を考慮する必要があるだろう（2章3-3節）。一方古典統計における仮説の棄却に関する判断は、検定プロセスの信頼性によって正当化される。しかしそうした外在主義的な正当化が真理促進的であるのは、そのプロセスが実際に信頼できるものであり、またそれが正しく用いられているときに限る。一般にこうした外的な事情は、検定結果や p 値などの指標によっては表されないのであり、よって古典統計においては、常にその正当化プロセスについての外的な検証が不可欠なのである（3章3-3節）。

　内在主義であれ外在主義であれ、伝統的な認識論が追い求めるのは認識の正しさである。統計学的な文脈では、これは仮説が確率モデルを正しく描写しているか否かということであり、よって伝統的なベイズ統計や古典統計での正当化概念も、最終的にはこの客体との一致を目指すものである。しかしこれは必

ずしも、統計の実際の使用における目的とは限らない。統計モデルの主要な役割の一つは、未知の現象の予測である。であればこの観点、すなわちモデルがどれだけ対象を良く予測するかという観点から、統計的仮説を評価することが考えられる。仮説の正しさではなく、むしろそのパフォーマンスないし有用性によってその認識論的価値を定めるこのような立場は、一種の認識論的プラグマティズムであると言える。本書4章では、こうしたアプローチの主要な事例として、モデル選択理論と深層学習理論を取り上げた。これらはともに、汎化性能という形でのモデルのパフォーマンスを評価するための理論枠組み、あるいはより性能の良いモデルを作り学習させるための技術を提供する。こうした工学的な探究において、モデルの持つ認識論的な良さは、その技術が解決を目指すところの工学的目標、あるいはより具体的には、モデルの評価に用いられる誤差関数に還元されることになる。

　しかしこれは、かつてクワインが述べたように (Quine, 1986)、認識論が工学へと解消・吸収されてしまうことを必ずしも意味しない。というのもそうしたモデル評価手法は科学的仮説に対しても適用される以上、我々は依然として、そこで選ばれたモデルや仮説がどのような意味で正当化されるのかと問う権利を有するからだ。この問いはとりわけ、深層学習モデルの科学への適用によって惹起される。我々は深層学習によって導かれた結論を、科学的知見として受け入れるべきなのだろうか、そしてそれは我々の科学観にどのような影響を及ぼすだろうか。ガリレオ以降の近代科学は、基礎付け主義的な理念のもとに築かれてきた。これを最も明示的に示したのは、近代認識論の父デカルトである。そこにおいて科学理論は、確実で明晰な土台から、妥当な推論に従って一歩一歩組み立てられるべきものとして描かれた。こうした基礎付け主義的な科学観は、現在においても一つの理念として依然強い影響力を保っている。統計学においても、ベイズ主義や古典統計は、明示的に示された理論と原理に基づいて答えを導くという意味において、こうした基礎付け主義的な性格を有している。しかしながら、深層学習モデルにはその信頼性を定める統一的な理論枠組みは存在せず、むしろそれはアポステリオリな「実験」によって見積もられる他な

228

い。つまりそこには、正当化についてのアプリオリな理論が存在しないのである。我々は、そうした正当化を科学において認めるべきだろうか。本書ではこれを考察するための一つの視座として、徳認識論を取り上げた。徳認識論においては、正当化の根拠は普遍的な理論ではなく、認識主体の個別的な能力に求められる。同様に、現在の機械学習研究において、深層モデルが下す結論の正当化は、個々のモデルのパフォーマンスや構造、ひいてはそれが開発された研究所などの、属物的・属人的要素に大きく依っているように思われる。もしそうだとしたら、その正当化の妥当性ないし真理促進性を考えるためには、そのような「認識論的徳」の具体的性質、およびそれが実際に「徳」であるのかどうかが明らかにされなければならないだろう。またより広い問題として、そもそも我々はそのような形で正当化された知見を、科学的知識として認める準備があるのか、ということが問われなければならない。というのも、そのように知識の根拠を個別的なモデルや人の本質や徳に求める認識論は、客観的で普遍的な法則を第一原理に据える近代科学の理念に逆行するように思えるからだ。そしてこれこそが、現代の深層学習の発展に対して人々が感じる期待と不安の奥底にあるものだろう。であるとしたら、統計学についての認識論的探究は、今日においても依然として大きな意義を有しているはずである。

4　結びにかえて

　本書では上記を導きの糸として、現代統計学が帰納推論というヒューム以来の難問にどう対処してきたのかを考察した。とりわけ、統計学と哲学的認識論の間に見られるパラレルな関係性を描き出すことに努めた。繰り返しになるが、これはあくまで一つの見方ないしモデルに過ぎない。このモデルがどの程度、実際の統計学および認識論の内実と実践に忠実であるかは、読者諸兄の判断と批判を待つほかない。

　本書は、従来の「統計学の哲学」では取り上げられることの少なかった、深

層学習や因果推論などの比較的新しい話題を取り込むことに努めた。その反面、それぞれのトピックの紹介はどうしても簡素にならざるをえず、箇所によってはもう少し踏み込んだ紹介や議論を期待された読者もあったかもしれない。例えば階層ベイズモデルや信頼区間推定、カーネル法など、今日の統計学で標準的な手法の数々や、情報理論を踏まえた最近の展開については触れることができなかった。また一方、本書で扱った哲学的認識論も主に 20 世紀までの話題に留まり、文脈主義や社会認識論を始めとした近年の動向についてはカバーできていない。これらが哲学的観点ないし統計学的観点からどのように分析されうるのかは、今後の課題、あるいは読者への応用問題としたい。もし本書を読み終えた読者がそうした挑戦に魅力を感じ、それを引き受けようと思ってくれるのであれば、「データ解析に携わる人にちょっとだけ哲学者になり、また哲学的思索を行う人にちょっとだけデータサイエンティストになってもらう」という本書の目的は、十分に達成されたということになるだろう。

参考文献

Adadi, A. and Berrada, M. (2018). Peeking Inside the Black-Box: A Survey on Explainable Artificial Intelligence (XAI). *IEEE Access*, 6:52138–52160.

Akaike, H. (1974). A New Look at the Statistical Model Identification. *IEEE Trans. Automat. Contr.*, 19(6):716–723.

Aristotle (1971). 『ニコマコス倫理学〈上・下〉』高田三郎訳. 岩波文庫.

Bandyopadhyay, P. S. and Forster, M., editors (2010). *Philosophy of Statistics*. Handbook of the Philosophy of Science. Elsevier.

Berger, J. O. and Wolpert, R. L. (1988). *The Likelihood Principle*. Institute of Mathematical Statistics, Hayward, CA, 2nd edition.

Bickel, P. J., Hammel, E. A., and O'Connell, J. W. (1975). Sex Bias in Graduate Admissions: Data from Berkeley. *Science*, 187(4175):398–404.

Birnbaum, A. (1962). On the Foundations of Statistical Inference. *J. Am. Stat. Assoc.*, 57(298):269.

BonJour, L. and Sosa, E. (2003). *Epistemic Justification: Internalism vs. Externalism, Foundations vs. Virtues*. Great Debates in Philosophy. Wiley-Blackwell. (上枝美典訳 (2006)『認識論的正当化—内在主義 対 外在主義—』産業図書)

Box, G. E. P., Luceño, A., and Paniagua-Quinones, M. d. C. (2009). *Statistical Control by Monitoring and Adjustment*. Wiley.

Bradley, D. (2015). *A Critical Introduction to Formal Epistemology*. Bloomsbury.

Cartwright, N. (1983). *How the Laws of Physics Lie*. Oxford University Press.

Cartwright, N. (1999). *The Dappled World*. Cambridge University Press.

Childers, T. (2013). *Philosophy and Probability*. Oxford University Press. (宮部賢志監訳 (2020)『確率と哲学』九夏社)

Conee, E. and Feldman, R. (1998). The Generality Problem for Reliabilism. *Philosophical Studies*, 89(1):1–29.

Dennett, D. C. (1991). Real Patterns. *The Journal of Philosphy*, 88(1):27–51.

Earman, J. (1992). *Bayes or Bust? A Critical Examination of Bayesian Confirmation Theory*. The MIT Press.

Galton, F. (1886). Regression towards Mediocrity in Hereditary Stature. *The Journal of the Anthropological Institute of Great Britain and Ireland*, 15:246–263.

Gelman, A. and Shalizi, C. R. (2012). Philosophy and the Practice of Bayesian Statistics. *Br. J. Math. Stat. Psychol.*, 66(1):8–38.

Gettier, E. L. (1963). Is Justified True Belief Knowledge? *Analysis*, 23(6):121–123.（柴田正良訳 (1996) 正当化された真なる信念は知識だろうか. 森際康友編『知識という環境』名古屋大学出版会 収録）

Gillies, D. (2000). *Philosophical Theories of Probability*. Routledge.（中山智香子訳 (2004)『確率の哲学理論』日本経済評論社）

Glymour, C. and Glymour, M. R. (2014). Commentary: Race and Sex are Causes. *Epidemiology*, 25(4):488–490.

Goldman, A. (1975). Innate Knowledge. In Stich, S. P., editor, *Innate Ideas*, pages 111–120. University of California Press.

Goodfellow, I., Bengio, Y., and Courville, A. (2016). *Deep Learning*. The MIT Press.（岩澤有裕・鈴木雅大・中山浩太郎・松尾豊監訳 (2018)『深層学習』KADOKAWA）

Hacking, I. (1990). *The Taming of Chance*. Cambridge University Press.（石原英樹・重田園江訳 (1999)『偶然を飼いならす—統計学と第二次科学革命—』木鐸社）

Hacking, I. (2006). *The Emergence of Probability: A Philosophical Study of Early Ideas about Probability, Induction and Statistical Inference*. Cambridge University Press.（広田すみれ・森本良太訳 (2013)『確率の出現』慶應義塾大学出版会）

Hempel, C. G. and Oppenheim, P. (1948). Studies in the Logic of Explanation. *Philosophy of Science*, 15(2):135–175.

Hendricks, L. A., Akata, Z., Rohrbach, M., Donahue, J., Schiele, B., and Darrell, T. (2016). Generating Visual Explanations. *Computer Vision – ECCV 2016 Lecture Notes in Computer Science*, 9908.

Holland, P. W. (1986). Statistics and Causal Inference. *J. Am. Stat. Assoc.*, 81(396):945–960.

Howson, C. and Urbach, P. (2006). *Scientific Reasoning: The Bayesian Approach*. Open Court, 3rd edition.

Hume, D. (1748). *An Enquiry concerning Human Understanding*.（斎藤繁雄・一ノ瀬正樹訳 (2004)『人間知性研究』法政大学出版局）

Imaizumi, M. and Fukumizu, K. (2019). Deep Neural Networks Learn Non-Smooth Functions Effectively. In Chaudhuri, K. and Sugiyama, M., editors, *Proceedings of Machine Learning Research*, volume 89 of *Proceedings of Machine Learning Research*, 869–878.

Iten, R., Metger, T., Wilming, H., Rio, L. d., and Renner, R. (2020). Discovering Physical Concepts with Neural Networks. *Phys. Rev. Lett.*, 124(1):010508.

James, W. (1907). *Pragmatism*.（桝田啓三郎訳 (1957)『プラグマティズム』岩波文庫）

Jeffrey, R. (2004). *Subjective Probability: the Real Thing*. Cambridge University Press.

Klein, P. D. (1999). Human Knowledge and the Infinite Regress of Reasons. *Philosophical Perspectives*, 13:297–325.

Krantz, D. H., Suppes, P., Luce, R. D., and Tversky, A. (1971). *Foundations of Measurement (Additive and Polynomial Representations)*, volume 1. Academic Press.

Kutach, D. (2014). *Causation.* Polity Press.（相松慎也訳 (2019)『現代哲学のキーコンセプト：因果性』岩波書店）

Leemis, L. M. and McQueston, J. T. (2008). Univariate Distribution Relationships. *The American Statistician*, 62(1):45–53.

Lewis, D. (1973). Causation. *The Journal of Philosophy*, 70(17):556–567.

Lewis, D. (1980). A Subjectivist's Guide to Objective Chance. In Jeffrey, R. C., editor, *Studies in Inductive Logic and Probability*, volume II, pages 263–293. University of California Press.

Marcellesi, A. (2013). Is Race a Cause? *Philosophy of Science*, 80(5):650–659.

Mayo, D. G. (1996). *Error and the Growth of Experimental Knowledge.* University of Chicago Press.

Mayo, D. G. (2018). *Statistical Inference as Severe Testing: How to Get Beyond the Statistics Wars.* Cambridge University Press.

McGrayne, S. B. (2011). *The Theory that Would Not Die: How Bayes' Rule Cracked the Enigma Code, Hunted Down Russian Submarines, & Emerged Triumphant from Two Centuries of Controversy.* Yale University Press.（冨永星訳 (2013)『異端の統計学 ベイズ』草思社）

Millikan, R. G. (1984). *Language, Thought, and Other Biological Categories.* The MIT Press.

Mumford, S. and Anjum, R. L. (2014). *Causation: A Very Short Introduction.* Oxford University Press.（塩野直之・谷川卓訳 (2017)『哲学がわかる 因果性』岩波書店）

Narens, L. (2007). *Introduction to the Theories of Measurement and Meaningfulness and the Use of Symmetry in Science.* Psychology Press.

Neyman, J. and Pearson, E. S. (1933). On the Problem of the Most Efficient Tests of Statistical Hypotheses. *Philosophical Transactions of the Royal Society A: Mathematical, Physical and Engineering Sciences*, 231(694-706):289–337.

Nozick, R. (1981). *Philosophical Explanations.* Harvard University Press.（坂本百大監訳 (1997)『考えることを考える〈上・下〉』青土社）

Pearl, J. (2000). *Causality: Models, Reasoning, and Inference.* Cambridge University Press.（黒木学訳 (2009)『統計的因果推論—モデル・推論・推測—』共立出版）

Pearson, K. (1892). *The Grammar of Science.* Adam and Charles Black.（安藤次郎訳 (1982)『科学の文法』産業統計研究社）

Popper, K. R. (2002). *The Logic of Scientific Discovery*. Routledge. （大内義一・森博訳 (1971)『科学的発見の論理〈上・下〉』恒星社厚生閣）

Porter, T. M. (1996). *Trust in Numbers*. Princeton University Press. （藤垣裕子訳 (2013)『数値と客観性—科学と社会における信頼の獲得—』みすず書房）

Porter, T. M. (2001). Statistical Tales. *American Scientist*, 89(5):469–470.

Quine, W. V. O. (1951). Two Dogmas of Empiricism. *Philos. Rev.*, 60(1):20–43. （飯田隆訳 (1992)『論理的観点から—論理と哲学をめぐる九章—』勁草書房 収録）

Quine, W. V. O. (1960). *Word and Object*. The MIT Press. （大出晁・宮館恵訳 (1984)『ことばと対象』勁草書房）

Quine, W. V. O. (1969). Epistemology Naturalized. *Ontological Relativity and Other Essays*, pages 69–90. Columbia University Press.

Quine, W. V. O. (1986). Reply to Morton White. In Harn, L. E. and Schipp, P. A., editors, *The Philosophy of W. V. Quine*. Open Court.

Ribeiro, M. T., Singh, S., and Guestrin, C. (2016). Why Should I Trust You?: Explaining the Predictions of Any Classifier. *KDD '16: Proceedings of the 22nd ACM SIGKDD International Conference on Knowledge Discovery and Data Mining*, 1135–1144.

Rorty, R. (1979). *Philosophy and the Mirror of Nature*. Princeton University Press. （伊藤春樹・野家伸也・野家啓一・須藤訓任・柴田正良訳 (1993)『哲学と自然の鏡』産業図書）

Rowbottom, D. P. (2015). *Probability*. Polity Press. （佐竹祐介訳 (2019)『現代哲学のキーコンセプト：確率』岩波書店）

Rubin, D. B. (1974). Estimating Causal Effects of Treatments in Randomized and Non-randomized Studies. *J. Educ. Psychol.*, 66(5):688–701.

Russell, B. (1948). *Human Knowledge: Its Scope and Limits*. Allen & Unwin.

Salsburg, D. (2001). *The Lady Tasting Tea: How Statistics Revolutionized Science in the Twentieth Century*. Macmillan. （竹内惠行・熊谷悦生訳 (2010)『統計学を拓いた異才たち』日本経済新聞出版社）

Sellars, W. (1997). *Empiricism and the Philosophy of Mind*. Harvard University Press. （神野慧一郎・土屋純一・中才敏郎抄訳 (2006)『経験論と心の哲学』勁草書房）

Simpson, E. H. (1951). The Interpretation of Interaction in Contingency Tables. *J. R. Stat. Soc. Series B Stat. Methodol.*, 13(2):238–241.

Sober, E. (2008). Evidence and Evolution. *Cambridge University Press*. （松王政浩抄訳 (2012)『科学と証拠—統計の哲学 入門—』名古屋大学出版会）

Sosa, E. (2007). *A Virtue Epistemology: Apt Belief and Reflective Knowledge*, volume 1. Oxford University Press.

Sosa, E. (2009). *Reflective Knowledge: Apt Belief and Reflective Knowledge*, volume 2. Oxford University Press.

Spirtes, P., Glymour, C., and Scheines, R. (1993). *Causation, Prediction, and Search*. The MIT Press.

Stich, S. P. (1990). *The Fragmentation of Reason: Preface to a Pragmatic Theory of Cognitive Evaluation*. The MIT Press. (薄井尚樹訳 (2006)『断片化する理性―認識論的プラグマティズム―』勁草書房)

Szegedy, C., Zaremba, W., Sutskever, I., Bruna, J., Erhan, D., Goodfellow, I., and Fergus, R. (2014). Intriguing Properties of Neural Networks. *arXiv*:1312.6199.

VanderWeele, T. J. and Robinson, W. R. (2014). On the Causal Interpretation of Race in Regressions Adjusting for Confounding and Mediating Variables. *Epidemiology*, 25(4):473–484.

van Fraassen, B. C. (1980). *The Scientific Image*. Oxford University Press. (丹治信春訳 (1986)『科学的世界像』紀伊國屋書店)

Wasserstein, R. L. and Lazar, N. A. (2016). The ASA's Statement on p-Values: Context, Process, and Purpose. *Am. Stat.*, 70(2):129–133.

Woodward, J. (2003). *Making Things Happen*. Oxford University Press.

Xiao, K., Engstrom, L., Ilyas, A., and Madry, A. (2020). Noise or Signal: The Role of Image Backgrounds in Object Recognition. *arXiv*:2006.09994.

Zagzebski, L. T. (1996). *Virtues of the Mind: An Inquiry into the Nature of Virtue and the Ethical Foundations of Knowledge*. Cambridge University Press.

赤池弘次・甘利俊一・北川源四郎・樺島祥介・下平英寿. (2007). 『赤池情報量規準 AIC―モデリング・予測・知識発見―』共立出版.

飯田隆. (2016). 『規則と意味のパラドックス』筑摩書房.

伊勢田哲治. (2018). 『科学哲学の源流をたどる―研究伝統の百年史―』ミネルヴァ書房.

伊藤邦武. (2016). 『プラグマティズム入門』筑摩書房.

上枝美典. (2020). 『現代認識論入門―ゲティア問題から徳認識論まで―』勁草書房.

植原亮. (2013). 『実在論と知識の自然化―自然種の一般理論とその応用―』勁草書房.

大塚淳. (2019). 生命と人工知能におけるデザイン問題.『科学基礎論研究』, 46(2):71–77.

岡谷貴之. (2015). 『深層学習』機械学習プロフェッショナルシリーズ. 講談社.

粕谷英一. (1998). 『生物学を学ぶ人のための統計のはなし―きみにも出せる有意差―』文一総合出版.

粕谷英一. (2015). 生態学における AIC の誤用：AIC は正しいモデルを選ぶためのものではないので正しいモデルを選ばない (生態学におけるモデル選択).『日本生態学会誌』, 65(2):179–185.

久保拓弥. (2012). 『データ解析のための統計モデリング入門――一般化線形モデル・階層ベイズモデル・MCMC―』岩波書店.

黒木学. (2017). 『構造的因果モデルの基礎』共立出版.

小西貞則・北川源四郎. (2004). 『情報量規準』朝倉書店.

小針晛宏. (1973). 『確率・統計入門』岩波書店.

芝村良. (2004). 『R.A. フィッシャーの統計理論—推測統計学の形成とその社会的背景—』九州大学出版会.

清水昌平. (2017). 『統計的因果探索』機械学習プロフェッショナルシリーズ. 講談社.

瀧雅人. (2017). 『これならわかる深層学習入門』機械学習スタートアップシリーズ. 講談社.

田栗正章・藤越康祝・柳井晴夫・C.R. ラオ. (2007). 『やさしい統計入門—視聴率調査から多変量解析まで—』講談社.

竹内啓. (2018). 『歴史と統計学—人・時代・思想—』日本経済新聞出版社.

戸田山和久. (2002). 『知識の哲学』産業図書.

戸田山和久. (2005). 『科学哲学の冒険—サイエンスの目的と方法をさぐる—』NHK ブックス.

戸田山和久. (2015). 『科学的実在論を擁護する』名古屋大学出版会.

橋本幸士 編 (2019). 『物理学者、機械学習を使う—機械学習・深層学習の物理学への応用—』朝倉書店.

林岳彦・黒木学. (2016). 相関と因果と丸と矢印のはなし—はじめてのバックドア基準—. 『岩波データサイエンス』, 3:28–48.

原聡. (2018). 機械学習における解釈性 (interpretability in machine learning). https://www.ai-gakkai.or.jp/my-bookmark_vol33-no3/.

星野崇宏. (2009). 『調査観察データの統計科学—因果推論・選択バイアス・データ融合—』岩波書店.

星野崇宏. (2016). 統計的因果効果の基礎. 『岩波データサイエンス』, 3:62–90.

間瀬茂. (2016). 『ベイズ法の基礎と応用—条件付き分布による統計モデリングと MCMC 法を用いたデータ解析—』日本評論社.

三中信宏. (2015). 『みなか先生といっしょに統計学の王国を歩いてみよう—情報の海と推論の山を越える翼をアナタに！—』羊土社.

三中信宏. (2018). 『統計思考の世界—曼荼羅で読み解くデータ解析の基礎—』技術評論社.

あとがき

　本書の内容は、私が神戸大学に所属していた 2016 年から行っている「統計学の哲学」の講義を元にしたものである。実を言えば（そんなの冒頭で言ってくれ、と思われるかもしれないが）私はもともと統計学の哲学の専門家でも何でもなかったのだが、現代において哲学をやる以上統計学の素養は必須だろうという思いに駆られ、付け焼き刃で始めた講義である。そのように意気込みだけが先行して始まった講義だが、その後首都大学東京（現東京都立大学）、京都大学、東京大学などで講義をする機会に恵まれ、その都度少しずつ内容を深めることができた。よって本書の内容も、これらの講義に出席し、議論をし、レポートを提出してくれた学生・聴講者諸氏に多くを負っている。ここで一人ひとり名を挙げることはできないのが残念だが、感謝する次第である。

　その講義内容を本の形にして出版することを最初に勧めてくださったのは、首都大学東京の集中講義に招いていただいた松阪陽一先生である。その当時はまだ自分が統計学の哲学について何がしかのことを公に書くという決心は到底つかなかったが、その後、名古屋大学出版会の神舘健司氏から何か本にする原稿はないかと打診していただき、それならば自分の講義で使うテキストを兼ねて、と思って執筆をお引き受けしたのが本書の由来である。本書執筆の直接のきっかけを作ってくださったお二方に感謝したい。

　さらに遡れば、不確実な世界における人間の合理性という本書に通底する哲学的問題に私が触れるきっかけを与えてくれたのは、恩師の伊藤邦武先生であり、また統計学の「と」の字も知らなかった学部学生時代の私に統計学の哲学という分野の存在と魅力を教えてくれたのは、同じく恩師で現在の同僚の出口康夫先生である。またさらに留学先のインディアナ大学では統計学部の Steen Andersson

238

先生、Chunfeng Huang 先生、Guilherme Rocha 先生に、ポスドクとして滞在したカーネギーメロン大学では Clark Glymour 先生にご指導頂いた。もともと数学嫌いだった私が統計学という世界に関心を持ち、まがりなりにもそれに関する本まで執筆することができたのは、これらの先生方のご指導のお蔭である。

　講義と並び、本書は私がこれまで各所で行ってきた講演やチュートリアルの内容に基づいている。それらの機会を与えてくださった、黒木学氏、篠崎智大氏、清水昌平氏、鈴木貴之氏、竹澤正哲氏、林岳彦氏に感謝申し上げる。また古くからの盟友である藤川直也氏は、東京での集中講義に一度ならず参加してくれ、その都度鋭いコメントで私の理解不足を考え直すきっかけを与えてくれた。また統計数理研究所の島谷健一郎氏、都立大学の松阪陽一氏、滋賀大学の清水昌平氏、東京大学の手嶋毅志氏には、本書草稿の査読をお願いし、多数の有益なアドバイスを頂いた。特に島谷氏には、査読のみならず、再三のこちらからの質問や相談に付き合っていただいた。このような「海の物とも山の物ともつかない」本の査読を快く引き受けて頂いた諸氏には、心より御礼申し上げたい。

　本書の執筆も佳境に差し掛かったころ、新型コロナウィルス COVID-19 の世界的流行により大きな社会的混乱がもたらされた。学校や会社が閉鎖され、社会に不安が垂れ込めるなか、また慣れないオンライン授業の準備に忙殺されるなか、いつも心の支えとなってくれたのは、家族である妻と娘である。特に妻のあき子は、学生時代から、様々な形で私を支え続けてくれた。$N = 1$ からの反事実的推論は不良設定問題ではあるが、もし仮に彼女のサポートがなければ、現在の私はなく、またこの本も書かれなかったであろう。この本を彼女に捧げたい。

2020 年 8 月

著　者

索　引

《著者紹介》

大塚　淳
おお　つか　じゅん

1979年生まれ
2008年　京都大学大学院文学研究科博士課程研究指導認定退学
2011年　京都大学博士（文学）取得
2014年　インディアナ大学修士（応用統計学）、同大学博士（科学史・科学哲学）取得
現　在　京都大学大学院文学研究科准教授、理化学研究所 AIP 客員研究員
著　書　*The Role of Mathematics in Evolutionary Theory* (Cambridge University Press, 2019)
　　　　Thinking About Statistics: The Philosophical Foundations (Routledge, 2023)

統計学を哲学する

2020 年 10 月 30 日　初版第 1 刷発行
2023 年 10 月 30 日　初版第 5 刷発行

定価はカバーに
表示しています

著　者　　大　塚　　　淳

発行者　　西　澤　泰　彦

発行所　一般財団法人 名古屋大学出版会

〒 464-0814　名古屋市千種区不老町 1 名古屋大学構内
電話 (052)781-5027/FAX(052)781-0697

ⓒJun Otsuka, 2020　　　　　　　　Printed in Japan
印刷・製本　三美印刷㈱　　　　ISBN978-4-8158-1003-0
乱丁・落丁はお取替えいたします。